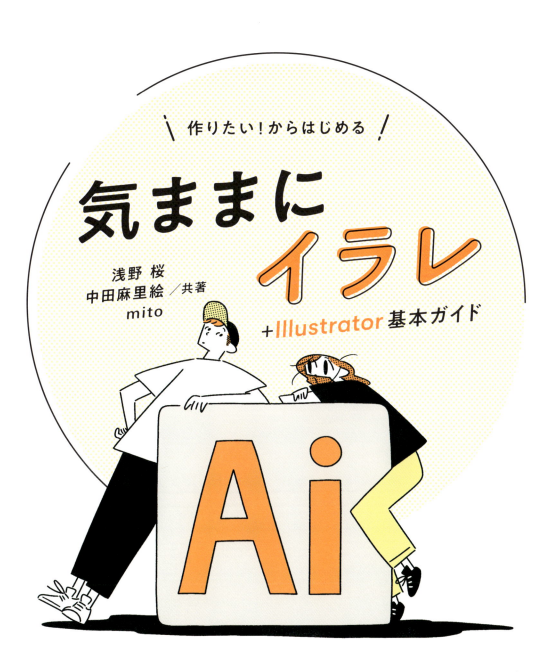

＼作りたい！からはじめる／

気ままにイラレ
+Illustrator基本ガイド

浅野 桜
中田麻里絵
mito ／共著

books.MdN.co.jp

©2025 Sakura Asano, Marie Nakata, mito. All rights reserved.
Adobe、Illustrator は Adobe Inc.（アドビ株式会社）の米国ならびに他の国における商標または登録商標です。その他、本書に掲載した会社名、プログラム名、システム名などは一般に各社の商標または登録商標です。本文中ではTM、® は明記していません。本書のプログラムを含むすべての内容は、著作権法上の保護を受けています。著者、出版社の許諾を得ずに、無断で複写、複製することは禁じられています。本書のサンプルデータの著作権は、すべて著作権者に帰属します。学習のために個人で利用する以外は一切利用が認められません。複製・譲渡・配布・公開・販売に該当する行為、著作権を侵害する行為については、固く禁止されていますのでご注意ください。
本書は2025年2月現在Adobe Illustrator29.2.1の情報を元に執筆されたものです。これ以降の仕様等の変更によっては、記載された内容と事実が異なる場合があります。著者、株式会社エムディエヌコーポレーションは、本書に掲載した内容によって生じたいかなる損害に一切の責任を負いかねます。あらかじめご了承ください

CONTENTS

Illustratorを使う前に

- 012 **Illustrator（イラストレーター）とは？**
- 012 Illustratorでできること
- 013 Photoshopとは何が違う？
- 013 Illustratorでできないこと、苦手なこと
- 014 Illustratorはどこで手に入る？
- 015 Illustratorを起動しよう！
- 016 Illustratorデータを開こう！
- 017 サイズを指定して新しいドキュメントを作る
- 018 Illustratorの画面の見方
- 020 インターフェイスや使用環境をカスタマイズする
- 021 表示されているパネルを初期化する
- 021 ツールアイコンの並び順を初期化する
- 022 画面の表示サイズを変更する
- 023 アートボード内を移動する

- 024 **［オブジェクト］と［レイヤー］**
- 024 ［オブジェクト］とは
- 024 ［オブジェクト］を［選択］する
- 024 ［オブジェクト］の前面と背面
- 026 不要なオブジェクトを削除する

作りたい！ からはじめる
Illustrator

- 028 ダウンロードデータについて

CHAPTER 01

素材を作る

▶030

01
星を作る

▶032

02
キラキラパターンを作る

▶034

03
フリーグラデーションを作る

▶036

04
マスキングテープを作る

▶038

05
吹き出しを作る

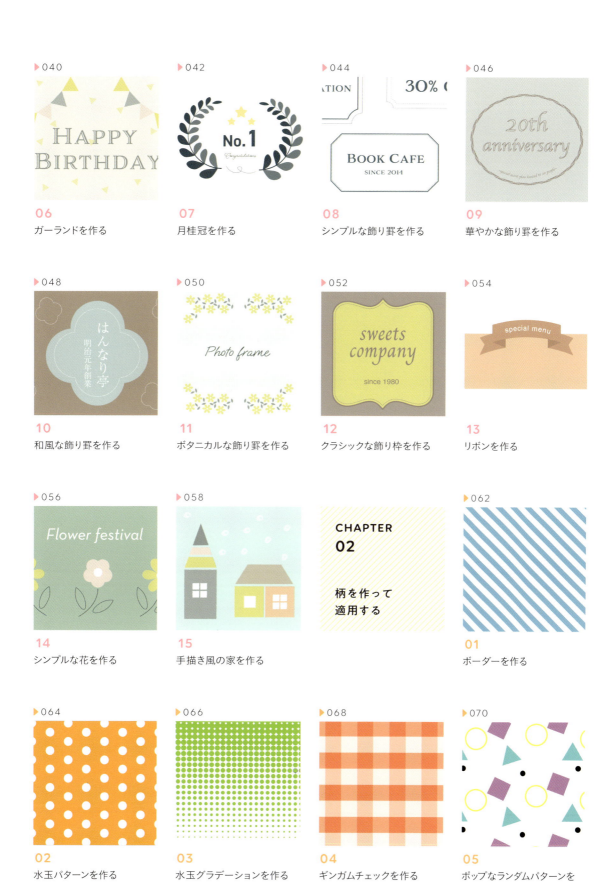

▶ 073

06
マーブル模様を作る

CHAPTER
03

線を使いこなす

▶ 076

01
矢印を作る

▶ 078

02
破線を作る

▶ 080

03
波線を作る

▶ 082

04
集中線を作る

▶ 085

05
光線を作る

▶ 088

06
フレアを作る

CHAPTER
04

文字を加工する

▶ 092

01
文字を入力する

▶ 094

02
パスに沿って文字を入力する

▶ 096

03
テキストボックスを作る

▶ 098

04
回り込みテキストを作る

▶ 100

05
袋文字を作る

▶ 102

06
文字を動かす

▶ 104

07
文字を立体的に加工する

CHAPTER 05 パスを操る

▶108

01 パスを使ってイラストを描く

▶113

02 ブラシを作ってイラストを描く

▶117

03 効果を使って雰囲気を演出する

▶122

04 画像トレースを使いこなす

▶124
05 ぼかしを使いこなす

▶126
06 ドロップシャドウを使いこなす

▶128

07 スタンプ風に加工する

CHAPTER 06 画像を加工する

▶132

01 画像トレースで写真を加工する

▶134

02 クリッピングマスクを使いこなす

▶137

03 ヴィンテージ風に加工する

CHAPTER 07 図形と文字でデザインする

▶142

01 バナーを作る

▶146

02 カレンダーを作る

▶153

03 地図を作る

困ったときはここをチェック!
Illustrator基本ガイド

01_基本操作

- [ ] **アートボードを編集する** — 160
  - アートボードのサイズを変更する — 160
  - アートボードを並び替える — 161
  - ドキュメント全体のカラーモード — 161
- [ ] **他のファイル形式に書き出す** — 163
  - クラウドドキュメントへの保存と
  - コンピュータへの保存 — 163
  - ① [別名で保存] — 164
  - ② [アセットの書き出し] パネル — 164
  - ③ [スクリーン用に書き出し...] — 165
  - ④ [書き出し形式...] — 166
- [ ] **操作の取消やデータの復元** — 166
  - [ヒストリー] パネル — 166
  - 自動保存と [バージョン履歴] パネル — 167
  - [復元] について — 167

02_オブジェクトの移動と変形

- [ ] **オブジェクトの基本操作** — 168
  - 移動の基本 — 168
  - 方向キーによる移動 — 168
  - 数値を入力しての移動 — 168
- [ ] **回転・リフレクト・シアーによる変形** — 169
  - [回転ツール] — 169
  - [リフレクトツール] — 170
  - [シアーツール] — 170
- [ ] **グループ化と解除** — 171
  - [オブジェクト] メニュー→ [グループ] — 171
  - ダブルクリックして [グループ編集モード] で
  - 編集する — 171
- [ ] **クリッピングマスクの使用** — 172
  - [クリッピングマスク] の作り方 — 172
- [ ] **オブジェクトの整列と分布** — 173
  - [整列] パネル — 173
  - 水平・垂直方向の [整列] — 173
  - 選択範囲・キーオブジェクトへの [整列] — 173
  - キーオブジェクトの [整列] の操作 — 174
  - [整列] パネルの [オブジェクトの分布] と
  - [等間隔に分布] — 174
- [ ] **[パス上オブジェクトツール] による配置** — 175
  - [パス上オブジェクトツール] の使い方 — 175

03_オブジェクトの複製

- [ ] **[コピー] & [ペースト]** — 176
  - [編集] メニュー→
  - [前面にペースト／背面にペースト] — 176
  - レイヤーの構造を維持してペーストする — 176
  - [シンボル] パネルによる複製 — 177
  - [シンボル] の登録と編集 — 177
  - [CCライブラリ] を使った素材の管理 — 179

04_パスファインダー

- [ ] **[パスファインダー] の基本** — 180
- [ ] **形状モードとパスファインダーの違い** — 180
  - 形状モード — 180
  - パスファインダー — 181
- [ ] **[複合シェイプ] と [複合パス]** — 182
  - [複合シェイプ] — 182
  - [複合パス] — 182

05_文字

- [ ] **フォントと文字の基本** — 184
  - 和文と欧文 — 184
  - 用途や印象でフォントを選ぶ — 185
  - 文字のウェイト — 186
  - 太さを柔軟に変更できる「バリアブルフォント」 — 186
  - Adobe Fontsでフォントを追加する — 187
- [ ] **文字の入力① [ポイント文字]** — 188
  - クリック操作での入力 — 188
- [ ] **文字の入力② [エリア内文字]** — 188
  - ドラッグ操作での流し込み — 188
  - 任意の形への流し込み — 188
  - 文字ツールを終了する — 189
  - 入力方式の切り替え — 189
  - 文字のオーバーフローに注意 — 189
- [ ] **文字の入力③ [パス上文字ツール]** — 190
  - パス上文字を打つ — 190
  - [文字] パネルと文字組みの専門用語 — 191
  - [段落] パネル — 192
- [ ] **文字のアウトライン化** — 193
  - アウトライン化のデメリット — 193

06_ブラシ

- ブラシの種類 — 194
- ブラシの作成とカスタマイズ — 195
  - ブラシライブラリとカスタマイズ — 197

07_色の操作

- [塗り] と [線] — 198
  - [カラー] パネル — 198
  - [線] パネル — 198
  - [グラデーション] パネル — 200
- スウォッチとは — 201
  - スウォッチの種類 — 201
  - スウォッチに登録されている色を使用する — 202
  - 新規スウォッチの追加 — 202
  - [スウォッチグループ] のフォルダーでスウォッチを分類する — 202
  - [スウォッチグループ] からグラデーションを作成する — 202
- グローバルスウォッチ — 204
  - グローバルスウォッチの登録方法 — 204
- スウォッチライブラリ — 204
- パターンスウォッチの作成 — 205
- 効果とは — 206
  - [トリムマーク] — 206
  - [3Dとマテリアル] — 207
  - [ラフ] — 208
  - [ワープ] — 208
  - [ぼかし] — 209
  - [ドロップシャドウ] — 209

08_アピアランスとグラフィックスタイル

- [アピアランス] パネルの基本操作 — 210
  - [塗り] や [線] の重ね方 — 210
  - 文字をフチ取りする — 210
- [アピアランス] と [スポイトツール] — 212
  - [スポイトツール] の対象を設定する — 212
- [グラフィックスタイル] パネルを活用する — 212
  - グラフィックスタイルの保存 — 212
  - グラフィックスタイルの適用 — 212

巻末付録

- 頻出ショートカット一覧 — 214
- よく使うパネル一覧 — 216
- ツールバー内のツール一覧 — 218

- 索引 — 221

この本の使い方

この本は、大きく2つのPARTに分かれています。前半は実際に手を動かして作ってみるチュートリアル、後半はIllustratorの基本操作・機能の解説集になっています。また、巻頭にはIllustratorを使う前に知っておきたい基礎知識をまとめたイントロダクションがあります。

Illustrator
を使う前に

Illustratorを使うために
最低限知っておいた方がいい機能や知識を紹介します。
IllustratorとPhotoshopの違いは？
間違えてパネルを消しちゃった！
そんな疑問&お困りを解決!!
気持ちよくIllustratorを設定していきましょう！

INTRODUCTION

Illustrator（イラストレーター）とは？

Illustratorでできること

Adobe Illustrator（アドビ イラストレーター）とは、アドビ社が提供しているグラフィックソフトウェアです。
Illustratorでは、主に下記のようなことを行うことができます。

イラストの作成

ロゴやアイコンの作成

グラフや地図などの作図

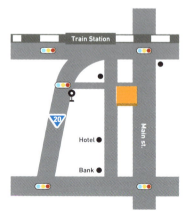

レイアウトデザイン

Photoshopとは何が違う？

同じアドビ社が提供しているソフトウェアの中に「Photoshop」というソフトがあります。グラフィックデザインを行う際にIllustratorと並んでよく使用されるソフトですが、どのような点が違うのでしょうか？

	Illustrator	Photoshop
	ベクターデータ 点や線を座標で計算して数値として描写するデータ形式。 拡大しても滑らか。	**ラスターデータ** 小さなピクセル（四角）の集合体で画像を表現するデータ形式。 拡大すると1つ1つのピクセルを確認できる。
データの形式		
使用される場面	ポスター、チラシなどのレイアウトのデザイン、ロゴのデザインなど	写真の補正や合成、イラストの作成など

Illustratorでできないこと、苦手なこと

①動画
Illustratorでは動画の制作はできません。

②ページの多い書籍や冊子
Illustratorには大量のページを管理したり、ページごとに異なるデザインをテンプレートとして管理する機能がありません。こうしたデザインには主にInDesignが利用されています。

③ウェブデザインやUIデザイン
コードへの変換（コーディング）が前提になるウェブデザインでは、余白の計測やパーツでの管理が重要になります。こうしたウェブやアプリのUIデザインでは、現在はFigmaなどのデザインツールを用いるのがスタンダードです。

INTRODUCTION

Illustratorはどこで手に入る？

Adobe Illustratorは、アドビ社から提供されているサブスクリプションを契約することで使用することができます。以前は買い切り型のソフトも販売されていましたが、現在はサブスクリプション形式のみが提供されています。

アドビ社が提供する20以上のソフトウェアが使用できる「Creative Cloudコンプリートプラン」、Illustratorのみが使用できる「単体プラン」のいずれかを契約するとIllustratorを使用することができます。ソフトのダウンロードはすべてインターネット上で行います。詳しくはアドビ公式ホームページで確認してください。

アドビ公式ホームページ（Illustrator）
https://www.adobe.com/jp/products/illustrator.html

✓ まずは無料体験からはじめよう！

アドビ公式ホームページにアクセスし、メニューバーの「クリエイティビティとデザイン」→「Creative Cloudとは？」を選択すると、無料体験の案内が表示されます。

Creative CloudではIllustratorのほか、アドビ社が提供するさまざまなソフトを7日間無料で体験することができます。Illustrator単体を使用したい場合には、Illustratorの単体プランの無料体験も可能です。ソフトの使い勝手を確認できるよいチャンスなのでぜひ活用しましょう。

Illustratorを起動しよう！

ダウンロードが完了したら、さっそくIllustratorを起動させてみましょう。

Mac

「Launchpad」を開いて「Adobe」と入力し、「Adobe Illustrator」をクリックします。

Windows

「スタート」をクリックして、「Adobe」と入力し、「Adobe Illustrator」をクリックします。

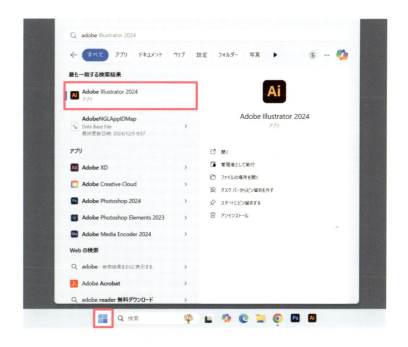

INTRODUCTION

Illustratorデータを開こう！

Illustratorで「.ai（イラストレーターデータ）」を開く方法を紹介します。

◆Illustrator内からaiファイルを［開く］

1 画面上部の［ファイル］メニュー→［開く］をクリックします。
もしくは、はじめに表示される画面（ホーム画面）の［開く］をクリックします。

2 開きたいファイルをダブルクリックします。

◆Illustratorで画像を［開く］

Mac

1 Finderで画像データを表示します。

2 開きたい画像の上で右クリック→［このアプリケーションで開く］→［Illustrator（バージョン名）］をクリックします。

Windows

1 エクスプローラーで画像データを表示します。

2 開きたい画像の上で右クリック→「プログラムから開く」→「Photoshop」を選択します。

Illustratorを使う前に

✓ 画像を［開く］と［配置］の使い分け

Illustratorには［アートボード］と呼ばれるデザインや作図の領域が必要です。ここで紹介している［開く］を使用して写真などの画像を開くと、［アートボード］のサイズが画像を基準に自動的に作成されます。実際の作業では、あらかじめ最終的に必要なサイズが決まっていることが多いので、先に［アートボード］を作ってから［配置］をおこなうほうが一般的です。

サイズを指定して新しいドキュメントを作る

あらかじめサイズが決まっているものを制作する場合には、サイズや単位を指定して新しいアートボードを作成します。

1 Illustratorを起動し、［新規ファイル］をクリックします。

2 A4やA5サイズなど、よく使用されるサイズは ❶ の枠内のカテゴリーから簡単に選ぶことができます。カテゴリー内にはないサイズや設定をカスタマイズしたい場合は、❷ の枠内で設定を行います。

3 ［作成］ボタンを押すと、新しいドキュメントが作成されます。

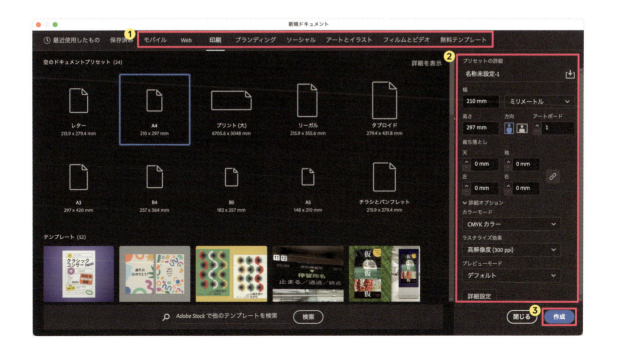

— 017 —

INTRODUCTION

Illustratorの画面の見方

新しいドキュメントを作成した直後のIllustratorの画面を見てみましょう。
表示されていないものがある場合は、画面上部の［ウィンドウ］メニューから名前を探して、
表示のチェックがついているかを確認しましょう。

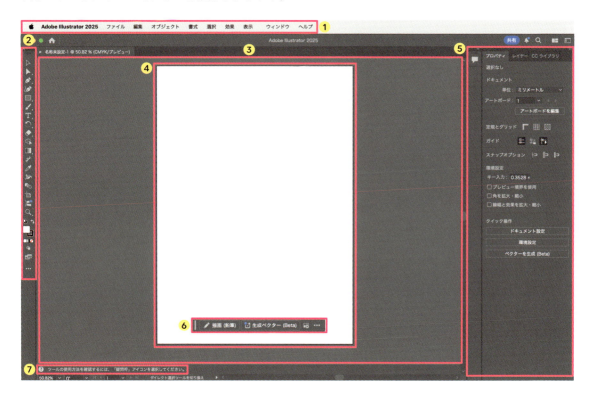

1 メニューバー
データを開いたり、保存する機能や、形を編集するための機能がまとまっています。

2 ツールバー
線や図を描いたり、文字を入力するツールがまとまっています。

3 カンバス
作業スペースです。カンバスの中には［アートボード］をあります。カンバスのグレーの部分にも文字や形を配置できますが、印刷やデータの書き出しには表示されません。

4 アートボード
カンバスの中に作れる、1枚の紙のようなものです。アートボードの中に配置した文字や形が印刷やデータの書き出しに反映されます。複数のアートボードを設定できます。

5 パネル
文字や形の編集を行う際の詳細な設定を追加したり、レイヤーなどの管理ができます。

6 コンテキストタスクバー
次に行われる作業を予測し、使用される可能性が高いメニューが表示されます。

7 ヘルプバー
選択している項目に関するヘルプが表示されます。

Illustratorを使う前に

✓ パネルは自由に組み替えることができる！

パネルのタブをドラッグして外に引き出すと、そのパネルだけを外に抜き出すこともできます。
また逆に、外に出したパネルの名前が書いてある部分をクリックしたまま、他のパネルのタブ部分に持ってくると、パネルをまとめることもできます。このようにカスタマイズができるので、操作に慣れてきたら自分が使いやすいようにパネルの組み合わせを変更するのもおすすめです。

✓ 新しい［バー］の非表示と［コントロール］の表示

⑥のコンテキストタスクバーと⑦のヘルプバーは比較的最近搭載された項目です。これらを非表示にして以前のバージョンと見た目を近づけるには、［ウィンドウ］メニュー→［コンテキストタスクバー］［ヘルプバー］を選択します。
またこれとは逆に、初期設定では非表示になっている［コントロール］という項目があります。同じように［ウィンドウ］メニューから表示が可能です。簡易的に文字や整列などの項目にアクセスできる便利なUIで、愛用しているユーザも多い機能です。

INTRODUCTION

インターフェイスや使用環境をカスタマイズする

Illustratorの操作画面は、色を変更したり、細かな使用環境をカスタマイズしたりすることも可能です。

　［環境設定］の機能は、Illustrator全体の設定を変更するときに使用します。すべての項目を変更する必要はありませんが、ユーザや環境によってはアプリの使いやすさが向上します。

Mac
画面上部のメニューバーから［Illustrator］メニュー→［設定...］→［一般...］をクリックします。
ショートカット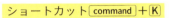

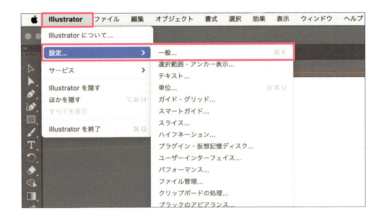

Windows
画面上部のメニューバーから［編集］メニュー→［環境設定］→［一般...］をクリックします。
ショートカット ctrl ＋ K

例えば、［ユーザーインターフェイス］からは、画面の明るさを変更できます。

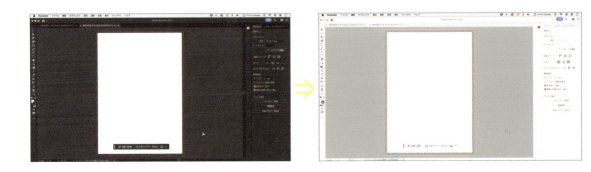

— 020 —

Illustratorを使う前に

表示されているパネルを初期化する

組み替えたり間違えて非表示にしてしまったパネルは、簡単に初期の状態（初期設定）に戻すことができます。

1 画面上部のメニューバーから、［ウィンドウ］メニュー→［ワークスペース］→［初期設定］をクリックします。

2 ［初期設定をリセット］をクリックして初期化します。

> ### ✓ 表示画面・ツールが本書と違う場合
>
> ワークスペースの種類によっても、画面上に表示されるツールやパネルは異なります。本書の画面と異なる際は、［ウィンドウ］メニューから 表示されているパネルを確認したり、［ワークスペース］を変更しながら、自分の使いやすい環境にしてみましょう。
> また、［ウィンドウ］メニューでは、パネルの一覧が表示されます。項目を選択してチェックが入れば、パネルの再表示が可能です。

ツールアイコンの並び順を初期化する

ツールはツールバーの下にある ... アイコンをクリックすると、隠れたツールを展開して表示できます。ここからツールバーへ各アイコンをドラッグすると、ツールバーのカスタマイズができます。
変更したツールバーをリセットする場合は
... アイコン→［すべてのツール］を展開し、右上のメニューアイコンから［リセット］をクリックします。

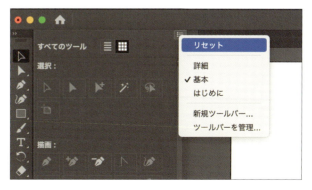

— 021 —

INTRODUCTION

画面の表示サイズを変更する

画面表示の拡大・縮小方法を紹介します。ここでは主にキーボード、マウス、ショートカットキー、［ズームツール］を使用します。

◆［ズームツール］を使用する

1 ツールバー→［ズームツール］ 🔍 をクリックします。
ショートカット：Z

2 画面を拡大したい場合は、拡大したい箇所をクリックします。縮小したい場合は、option（Alt）を押しながらクリックします。

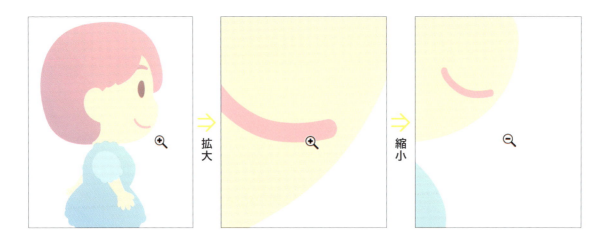

◆キーボードとマウスを使用する

option（Alt）を押しながら、マウスのホイールを前に回すと、画面が拡大され、後ろに回すと縮小されます。Magic Mouseの場合は、マウスの真ん中あたりを指で前や後ろになぞると、同様の操作が可能です。

Illustratorを使う前に

✓ 表示サイズを変更する便利なショートカット

`Command` + `0` （`Ctrl` + `0`）

アートボードをウィンドウ全面表示します。アートボード全体を確認する際に利用しましょう。

`Command` + `1` （`Ctrl` + `1`）

アートボードを100％の拡大率で表示します。サイズ感を確認する際に利用しましょう。

アートボード内を移動する

1 `space` を押すと、カーソルが手のひらのアイコンに変わります。

2 そのまま `space` を押し続けながら画面上をドラッグすると、カンバスとアートボード間を移動できます。

✓ ツールバーから［手のひらツール］を使う

［手のひらツール］ ✋ は、ツールバーからも使用できます。［ズームツール］を長押しすると［手のひらツール］✋ が表示されます。

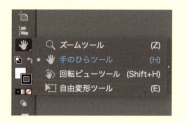

INTRODUCTION

［オブジェクト］と［レイヤー］

［オブジェクト］とは

Illustratorで扱うあらゆる形状データを［オブジェクト］と呼びます。たとえば、配置された写真、文字、四角形や丸、ユーザがペンツールやブラシで描いた図形などは、すべて［オブジェクト］です。

［オブジェクト］を［選択］する

［選択ツール］を使用している状態で、オブジェクトをクリックすると、バウンディングボックスと呼ばれる枠線が表示されます。これがオブジェクトが［選択］されている状態です。オブジェクトが選択されている状態でドラッグ操作をすると、オブジェクトを移動できます。右の図の場合、中央の円だけが［選択］されています。

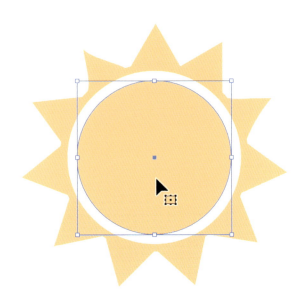

［オブジェクト］の前面と背面

Illustratorは原則として、オブジェクトが作られた順番でオブジェクトの順番が決まります。これを［重ね順］と呼び、それぞれの位置関係を［前面］［背面］と呼びます。たとえば右の図のような3つの四角形を作成したとき、最後の黄色の四角形から見て、それ以前に作成した2つの四角形は［背面］にある、ということになります。

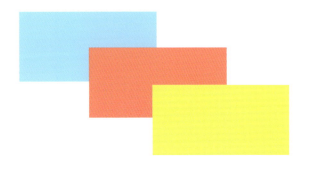

Illustratorを使う前に

◆ [レイヤー] パネルのサブレイヤーを開いて重ね順を変更する

[レイヤー] とは階層のことです。Illustratorでは、レイヤーを任意のタイミングで作ることができますが、レイヤーの新規作成操作を行わない場合でも、自動的に何らかのレイヤーへ作成したオブジェクトが格納される仕組みになっています。
レイヤーを何も作成しない場合、[レイヤー] パネルにある「レイヤー1」から、個別にオブジェクトを確認できます。
レイヤーに格納されている個別のオブジェクトを [サブレイヤー] と呼びます。[サブレイヤー] をドラッグ操作して、オブジェクトの重ね順を変更できます。

1 「レイヤー1」左隣の矢印をクリックします。

2 ＜長方形＞と書かれているサブレイヤーをクリックしたまま、上または下にドラッグします。

3 入れ替える位置に青い線が表示されます。青い線が表示された状態で、カーソルを離すと、＜長方形＞の順番を入れ替えることができます。

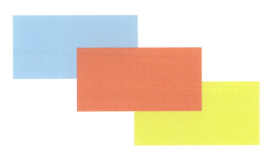

INTRODUCTION

◆右クリックで重ね順を変更する

アートボード上でオブジェクトを右クリック（command＋クリック）して、[重ね順] → [前面に配置] / [背面に配置] / [最背面に配置] / [最前面に配置] を選ぶと、選んだ重ね順への変更ができます。

◆ショートカットで重ね順を変更する

前面／背面へ変更する作業は非常に多いので、ショートカットを覚えておくのがおすすめです。

前面へ　Command ＋]　（Ctrl ＋]）

最前面へ　Command ＋ shift ＋]　（Ctrl ＋ shift ＋]）

背面へ　Command ＋ [　（Ctrl ＋ [）

最背面へ　Command ＋ shift ＋ [　（Ctrl ＋ shift ＋ [）

不要なオブジェクトを削除する

ツールバー→ [選択ツール] で、オブジェクトを選択して、Delete（Back space）で、オブジェクトを削除できます。複数のオブジェクトを削除する場合は、[選択ツール] でドラッグするか、shift ＋クリックで複数のオブジェクトをまとめて選択できるので、選択後に削除を行います。

\ 作りたい！から /
はじめる

Illustrator

ここからは、いよいよIllustratorを
使っていきましょう！
初めから順番に読んでも、自分の作りたいこと、
やってみたいことから読んでOKです。

ダウンロードデータについて

本書の参考用完成作例データと、作例の制作に使用できる練習データを、
以下のURLからダウンロードすることができます。

https://books.mdn.co.jp/down/3224304034/

1 上記URLをアドレスバーに打ち込んでください。
2 「kimamani_illustrator.zip」をクリックします。
3 zipを解凍してデータを開きます。
4 「参考データ」と「練習データ」にフォルダが分かれています。

1 URLをアドレスバーに打ち込んでください

2

3

4

※本ダウンロードデータは、本書を購入した方のみが個人で利用する以外では一切利用が認められません。
※本ダウンロードデータに含まれるすべてのデータは著作物です。本ダウンロードデータを各種ネットワークやメディアを通じて他人へ譲渡・販売・配布することや、印刷物・電子メディアへの転記・転載することは、法律により禁止されています。
※本ダウンロードデータを実行したことによる結果については、著者、ソフトウエア制作者および株式会社エムディエヌコーポレーションは、一切の責任を負いかねます。お客様の責任においてご利用ください。

CHAPTER 01

素材を作る

線や図形から、星や花、リボン、飾り罫など
いろいろな場面で使える素材を作ってみましょう！

CHAPTER 01 | 素材を作る

01 星を作る

さまざまな角の丸い星を作りましょう！

1-01.ai
参考データ

STEP 1　基本の星を作成する

1　星型を作成する

ツールバー→［長方形ツール］を長押しし、プルダウンから、［スターツール］に切り替えます。［スターツール］をアートボード上でドラッグし、星型を作成します。

shift をクリックしながらドラッグすることで、直立の星型が作成できます。

2　色を調整する

星型オブジェクトが選択された状態で、ツールバー下部の［塗り］ボタンをダブルクリックします。表示された［カラーピッカー］ダイアログで、カラーコード［#EEC29D］（ベージュ）を入力します。

— 030 —

PART 1
作りたい！からはじめるIllustrator

STEP 2　全体的に角を丸くする

1　［ダイレクト選択ツール］を使う

ツールバー→［ダイレクト選択ツール］▶ をクリックし、ツールを切り替えます。

2　角を丸くする

オブジェクトの頂点付近に表示されている●［ライブコーナーウィジェット］のいずれかを選択します。オブジェクトの内側へドラッグすると、オブジェクトのすべての角が丸くなります。ドラッグする長さによって、角が帯びる丸みの加減も変わっていきます。一連の操作で、角の丸い星型オブジェクトを作ることができました。

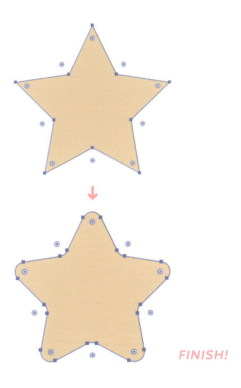

FINISH!

> **バリエーションを作る**
>
> 頂点のみ丸くしたい場合は、［ダイレクト選択ツール］▶ で、shift を押しながら、●［ライブコーナーウィジェット］を選択します。オブジェクトの内側へドラッグすると、オブジェクトの頂点のみが丸くなります。色や丸みを変えて、さまざまなバリエーションの星型オブジェクトを作ってみましょう。
>
>
>
> 5つの●を選択して内側にドラッグします。

CHAPTER 01

CHAPTER 01 | 素材を作る

02 キラキラパターンを作る

キラキラパターンを作りましょう！

STEP 1　楕円を作成する

1　楕円を作成する

ツールバー→［長方形ツール］を長押しし、プルダウンから［楕円形ツール］に切り替えます。［楕円形ツール］をアートボード上でドラッグし、楕円を作成します。

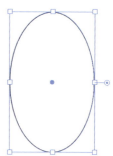

2　色を調整する

ウィンドウ上部の［コントロール］パネルの［塗り］ボタンを、shiftを押しながらクリックします。表示された［カラー］パネルでカラーコード［#2C6274］（濃青）を入力します。［線］ボタンをクリックし、［なし］にします。

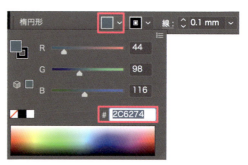

— 032 —

PART 1

作りたい！からはじめるIllustrator

STEP 2　楕円を変形させる

1　効果を設定する

ツールバー→［選択ツール］に切り替え、楕円をクリックします。楕円が選択された状態で、［効果］メニュー→［パスの変形］→［パンク・膨張...］をクリックします。

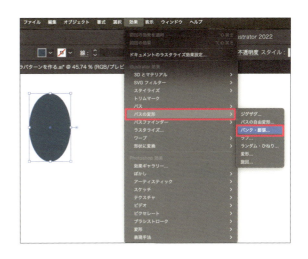

2　数値を調整する

表示された［パンク・膨張］ダイアログで、［プレビュー］にチェックを入れ、スライダーを［収縮］の左方向にドラッグし、形を調整したら［OK］をクリックします。

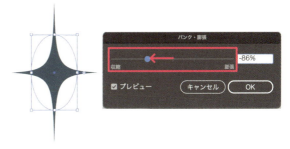

FINISH!

✓ バリエーションを作る

多角形の図形を利用すると、異なるキラキラパターンを作ることができます。

ツールバー→［多角形ツール］をクリックし、アートボード上をクリックします。表示される［多角形］ダイアログで、［半径：70.5mm］、［辺の数：8］として、［OK］ボタンをクリックします。STEP 2と同様に、［パンク・膨張］ダイアログを表示し、スライダーをドラッグして調整します。

— 033 —

CHAPTER 01 | 素材を作る

03 フリーグラデーションを作る

自由に色を配置して、グラデーションを作りましょう！

参考データ

STEP 1 長方形を作成する

1 長方形を作成する

ツールバー→［長方形ツール］に切り替えます。［長方形ツール］をアートボード上の端からドラッグし、アートボードいっぱいに長方形を作成します。［塗り］は何色でも構いませんが、ここでは［#a1e8de］（青緑）、［線］は［なし］にします。

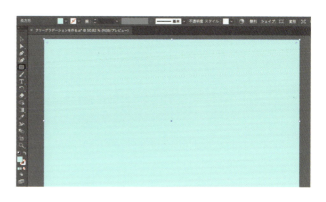

STEP 2 長方形にグラデーションをかける

1 ［グラデーション］パネルを表示する

［ウィンドウ］メニュー→［グラデーション］をクリックして、［グラデーション］パネルを表示します。

📖 ［グラデーション］について
もっと詳しく ➔ p.200

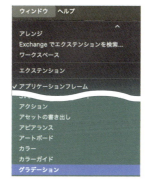

— 034 —

PART 1
作りたい！からはじめるIllustrator

2 フリーグラデーションを選択する

［グラデーション］パネルで［種類］の左から3番目の［フリーグラデーション］をクリックします。

3 四隅の色を変更する

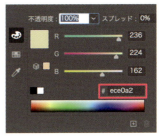

長方形の四隅に丸いポイントが表示されます。ポイントの1つをダブルクリックし、［塗り］をカラーコード［#ece0a2］（薄黄）に変更します。同様の手順で、残りの3つのポイントも時計回りに［#eec29d］（ベージュ）、［#a4cbb0］（薄緑）、［#e0e5bd］（薄黄）とします。

4 色を追加する

上辺中央付近をクリックして、ポイントを追加しダブルクリック、［塗り］をカラーコード［e8afe8］（紫）に変更します。下辺中央付近も同様の手順で［b3e286］（緑）とします。

STEP 3 グラデーションを調整する

1 グラデーションの位置を調整する

四隅の丸いポイントが表示されない場合は、ツールバー→［グラデーションツール］に切り替えます。
丸いポイントを好きな位置に動かし、色のバランスを整えます。

FINISH!

CHAPTER 01 | 素材を作る

04 マスキングテープを作る

ランダムで味のあるマスキングテープを作りましょう！

1-04.ai
参考データ

STEP 1 基本の形を作る

1 長方形を作成する

ツールバー→［長方形ツール］■に切り替え、アートボード上でドラッグし、縦長の長方形を作成します。
ウィンドウ上部の［コントロール］パネルの［塗り］ボタンを、shiftを押しながらクリックし、表示された［カラー］パネルで、カラーコード［#e8b388］（ベージュ）を入力します。
［コントロール］パネルの［線］ボタンをクリックし［なし］に、［不透明度］を「80%」に変更します。

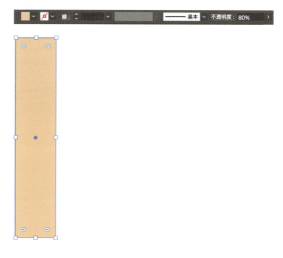

2 複製する

ツールバー→［選択ツール］▷に切り替え、長方形を選択し、shift＋option（Ctrl）＋ドラッグで移動しながら、3つコピーします。

STEP 2　ランダムな切り込みを入れる

1　長方形を分割する

ツールバー→［消しゴムツール］をダブルクリックし、［消しゴムツールオプション］ダイアログで［サイズ］を「10pt」にし、［OK］をクリックします。
長方形を斜めにドラッグし、切り込みを入れます。

2　切り込みをギザギザにする

ツールバー→［リンクルツール］をダブルクリックし、表示される［リンクルツールオプション］ダイアログで［複雑さ］を「2」にし、［OK］をクリックします。
長方形の切れ目をドラッグすると、マスキングテープを手で切ったようなギザギザになります。

STEP 3　色を変更して配置する

1　色と向きを変える

ツールバー→［選択ツール］に切り替え、任意のオブジェクトを選択し、［塗り］を変更します。
また、任意のオブジェクトを選択し、ハンドルにカーソルを合わせ、カーソルが　　になったら、ドラッグして角度を変更します。

FINISH!

CHAPTER 01 | 素材を作る

05 吹き出しを作る

さまざまな形の吹き出しを作りましょう！

1-05.ai

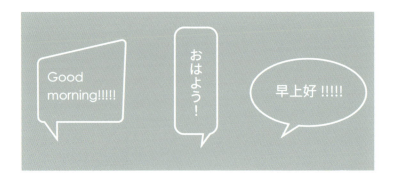

STEP 1　基本の形を作成する

1　長方形を作成する

ツールバー→［長方形ツール］ に切り替えます。
［長方形ツール］をドラッグし、長方形を作成します。
［塗り］は任意の色で、［線］は［なし］とします。

2　変形する

ツールバー→［ダイレクト選択ツール］ に切り替えます。長方形の角の1つを囲むようにドラッグし、アンカーポイントを1つだけ選択します。
選択したアンカーポイントをドラッグして、長方形を変形します。

PART 1
作りたい！からはじめるIllustrator

CHAPTER 01

3　長方形を角丸にする

［ダイレクト選択ツール］ で、一度アートボード上の何もない箇所をクリックして選択を解除してから、長方形を選択します。
頂点付近の◉［ライブコーナーウィジェット］をドラッグし、角丸にします。

STEP 2　吹き出し口を作る

1　三角形を作る

ツールバー→［ペンツール］ に切り替え、任意の位置を3箇所クリックし、enter を押して確定します。

2　オブジェクトを重ねる

作成した2つのオブジェクトを重ねます。

3　オブジェクトを合体する

ツールバー→［選択ツール］ に切り替え、2つのオブジェクトを選択します。［ウィンドウ］メニュー→［パスファインダー］をクリックします。
［パスファインダー］パネルの［形状モード］で［合体］をクリックすると、吹き出しの形になります。

［パスファインダー］について
もっと詳しく ➡ p.180

FINISH!

— 039 —

CHAPTER 01 | 素材を作る

06 ガーランドを作る

カラフルなガーランドを作りましょう！

参考データ

STEP 1　基本の旗を作成する

1　三角形を作る

ツールバー→［文字ツール］ T に切り替え、任意の位置をクリックします。「さんかく」を変換して▼を入力します。フォントは［小塚ゴシック Pr6N］にします。

2　三角形を複製する

［文字ツール］ T で作成した▼を選択し、command（Ctrl）＋Cでコピーします。▼の横にカーソルを移動し、command（Ctrl）＋Vで貼り付け、10個ほど複製します。

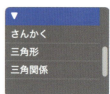

— 040 —

STEP 2 色を変える

1 個別に色を指定する

［文字ツール］ で最初の▼を選択します。ウィンドウ上部の［コントロール］パネルの［塗り］ボタンを shift を押しながらクリックし、カラーコード［#e8dd6d］（黄）を入力します。
同じ要領で、残りの▼も順に［#e8dd6d］、［#edd9d0］（薄赤）、［#a4b4b3］（灰青）と入力して色を変更します。

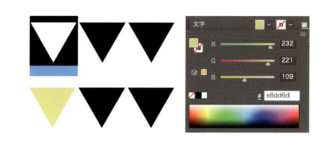

FINISH!

✓ 曲線上にガーランドを作る

ガーランドを作るには、曲線とパス上文字ツールを利用する方法もあります。
まず、ツールバー→［曲線ツール］ で曲線を描き、［選択ツール］ で曲線を選択し、［塗り：なし］、［線の色：#000000］にします。
次に、［パス上文字ツール］ で曲線の上をクリックし、▼を入力します。逆向きの場合は、［書式］メニュー→［パス上文字オプション］→［パス上文字オプション...］で表示される［パス上文字オプション］ダイアログの［反転］と［プレビュー］にチェックを入れると、反転されます。
STEP 1の**2**以降と同様に、▼を複製し、色を変更します。

［パス上文字ツール］で曲線の上をクリックします。

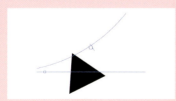

反転させます。

CHAPTER 01 | 素材を作る

07 月桂冠を作る

月桂冠を作りましょう！

参考データ

STEP 1 葉を作成する

1　楕円を葉の形にする

ツールバー→［楕円形ツール］ に切り替え、楕円形を作成して、［塗り］を［#234e5e］（暗青）、［線］を［なし］とします。
ツールバー→［アンカーポイントツール］ に切り替え、下のポイントをクリックし、ツールバー→［ダイレクト選択ツール］ でハンドルを動かして変形します。
ツールバー→［選択ツール］ に切り替え、角のハンドルにカーソルを合わせ、 になったら、shift を押しながらドラッグし、45°回転させます。

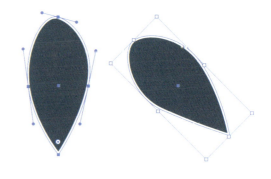

2　複製してふた葉を作成する

［選択ツール］ で図形を選択し、［リフレクトツール］ をクリックして［リフレクト］ダイアログを表示します。［垂直］をオン、［角度：90°］にして、［コピー］をクリックします。
2つの図形を選択し、command + G（Ctrl + G）を押してグループ化します。
右側の葉っぱの色を［#5a7a84］に変更します。

— 042 —

PART 1
作りたい！からはじめるIllustrator

STEP 2　オブジェクトを複製する

1　葉を複製する

グループを選択した状態で、[効果] メニュー→ [パスの変形] → [変形...] をクリックし、[変形効果] ダイアログで [移動] の [垂直方向：-22mm]、[拡大・縮小] の [水平方向：92%] [垂直方向：92%] にし、[OK] をクリックします。
STEP 1の手順で先端に葉を1枚作成します。

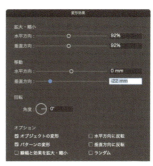

2　茎を作成する

ツールバー→ [直線ツール] に切り替え、shift を押しながら下へドラッグして直線を引きます。
ウィンドウ上部の [コントロール] パネルから、[線] を [1.8mm]、[プロファイル] を [線幅プロファイル4] に設定します。
オブジェクトを全て選択した状態で、[コントロールパネル] の [ブラシ定義] → [新規ブラシ] をクリックします。[アートブラシ] を選び [OK] をして、[アートブラシオプション] ダイアログで任意の名前を入力し、[縦横比を保持して拡大・縮小] [方向：↑] にチェックします。

STEP 3　ブラシを適用する

1　半円にブラシを適用する

ツールバー→ [楕円形ツール] ◯ に切り替え、shift を押しながらドラッグし、線のみの正円を作成します。ツールバー→ [ダイレクト選択ツール] ▶ に切り替え、右のアンカーポイントを選択して、delete で削除します。半円を選択した状態で、[コントロール] パネルから先ほど作成したブラシを選択します。

2　反転させて整える

STEP 1の 2 と同様に反転コピーし、微調整します。

FINISH!

[ブラシ] についてもっと詳しく ➔ p.194

CHAPTER 01 | 素材を作る

08 シンプルな飾り罫を作る

角や線を変えたシンプルな飾り罫を作りましょう！

1-08.ai
参考データ

STEP 1 長方形をアレンジする

1 長方形を作成する

ツールバー→［長方形ツール］に切り替え、長方形を作成します。［塗り］は［なし］、［線の色］は［#2c6274］（濃緑）にします。

2 角丸にする

長方形を選択した状態で、［ウィンドウ］メニュー→［変形］をクリックします。
表示される［変形］パネルで、角の数値をそれぞれ「18mm」とします。

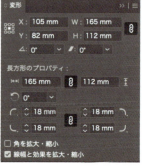

— 044 —

3 角の種類を変える

［変形］パネルで、角の形状を［角丸（外側）］から［角丸（内側）］に変更します。

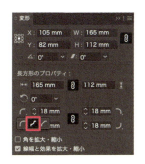
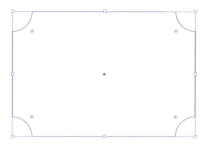

STEP 2 同じ形を内側に追加する

1 パスのオフセットで内側に同じ形を追加する

［オブジェクト］メニュー→［パス］→［パスのオフセット...］をクリックします。表示される［パスのオフセット］ダイアログで［オフセット］を「-7mm」にして、［OK］をクリックします。

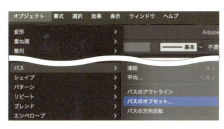
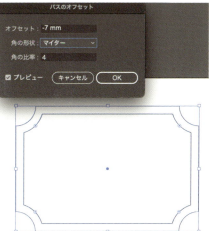

2 枠線の太さを調整する

ウィンドウ上部の［コントロール］パネルから、内側の枠線を「1.4mm」にします。

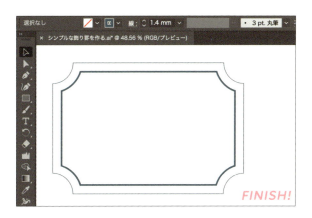

CHAPTER 01 | 素材を作る

09 華やかな飾り罫を作る

アレンジしやすい華やかな飾り罫を作りましょう！

1-09.ai
参考データ

STEP 1　正円に効果をかける

1　正円を作成する

ツールバー→［楕円形ツール］に切り替え、アートボード上を shift を押しながらドラッグし、正円を作成します。ウィンドウ上部の［コントロール］パネルから、［塗り］を［なし］、［線］を［#917f7b］（グレー）、［線幅］を「0.7mm」にします。ここでは正円の大きさは幅212mm、高さ212mmにしています。

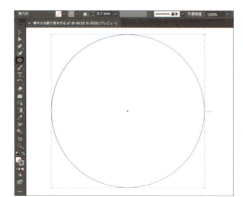
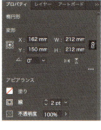

2　線をジグザグにする

［効果］メニュー→［パスの変形］→［ジグザグ...］をクリックし、表示される［ジグザグ］ダイアログで［パーセント］をオンにし、［大きさ：1%］、［折り返し：10］、［ポイント：滑らか］をオンにして、［OK］をクリックします。

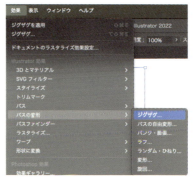
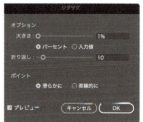

— 046 —

3 変形する

楕円を選択した状態で、[効果] メニュー→ [パスの変形] → [変形...] をクリックし、表示される [変形効果] ダイアログで [回転] の [角度：30°] にし、[コピー：3] にして、[OK] をクリックします。

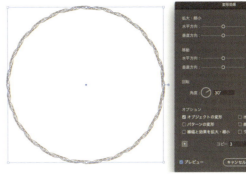

STEP 2 オブジェクトを変形する

1 効果順を変更する

[ウィンドウ] メニュー→ [アピアランス] をクリックします。[アピアランス] パネルで、効果の順が上から [ジグザグ]、[変形] となるようにドラッグして並べ替えます。

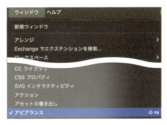

2 変形効果を追加する

[アピアランス] パネル下部から [新規効果の追加]  → [パスの変形] → [変形...] をクリックします。このとき、メッセージが表示される場合は [新規効果を適用] をクリックします。

[変形効果] ダイアログの [拡大・縮小] で [水平方向：100%] [垂直方向：80%] とします。

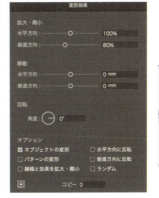

FINISH!

CHAPTER 01 | 素材を作る

10 和風な飾り罫を作る

和風な飾り罫を作りましょう！

STEP 1　正円を合体する

1　正円を作成する

ツールバー→［楕円形ツール］に切り替えます。shift を押しながらドラッグし、正円を4つ作成します。

［ウィンドウ］メニュー→［パスファインダー］をクリックし、［パスファインダー］パネルを表示します。

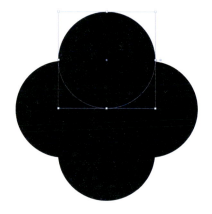

2　正円をつなげる

command（Ctrl）+ Aで、4つの正円すべてを選択し、［パスファインダー］パネルで［合体］をクリックします。

📖 ［パスファインダー］についてもっと詳しく ➡ p.180

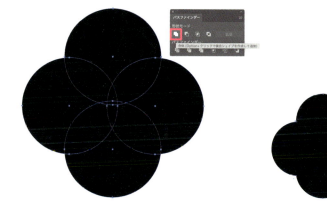
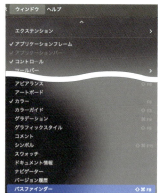

— 048 —

PART 1

作りたい！からはじめるIllustrator

STEP 2　オブジェクトを飾りつける

1　色をつける

ウィンドウ上部の［コントロール］パネルの［塗り］ボタンを shift を押しながらクリックし、カラーコード［#b3cfd1］（薄緑）を入力します。［線］は［なし］にします。

2　内側に線をつける

ツールバー→［選択ツール］に切り替え、option（Alt）を押しながらドラッグし、複製します。複製したオブジェクトのみ選択し、shift を押しながら内側の方向へドラッグして、縦横比を保った状態で縮小します。

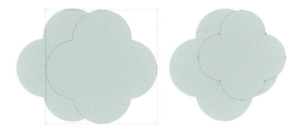

3　線のみにする

［選択ツール］で、2で作成した内側のオブジェクトを選択し、上部の［塗り］を［なし］、［線］をカラーコード［#ffffff］（白）、［線幅］を「0.35mm」とします。

4　オブジェクトを整列する

［選択ツール］で、2つのオブジェクトを選択し、ウィンドウ上部の［コントロール］パネルの［整列］をクリックします。［整列］パネルの［オブジェクトの整列］で［水平方向に中央］をクリックします。［整列］をクリックしてパネルを閉じます。

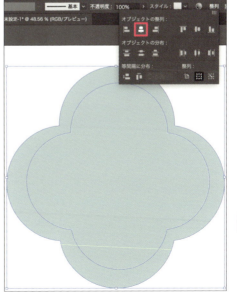

［整列］についてもっと詳しく → p.173

FINISH!

CHAPTER 01 | 素材を作る

11 ボタニカルな飾り罫を作る

ボタニカルな飾り罫を作りましょう！

1-11.ai
参考データ

STEP 1　花びらを作成する

1　センターマークと十字線を表示させる

［アートボードツール］をダブルクリックし、［アートボードオプション］ダイアログで［センターマークを表示］と［十字線を表示］にチェックします。

2　多角形から花びらの形にする

ツールバー→［多角形ツール］に切り替え、アートボード上をクリックして［多角形オプション］ダイアログで［辺の数］を「6」にします。オブジェクトを選択したまま、［効果］メニュー→［パスの変形］→［パンク・膨張...］をクリックして、［パンク・膨張オプション］ダイアログで［膨張］の右方向にスライダーをドラッグします。［塗り］を［#e8dd6d］（黄）、［線］は［なし］とします。

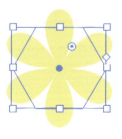

— 050 —

PART 1

作りたい！からはじめるIllustrator

STEP 2　葉を作成する

1　楕円の先端を尖らせる

ツールバー→［楕円形ツール］ に切り替え、葉の形の楕円を作成して、［塗り］を［#234e5e］（暗青）、［線］を［なし］とします。［アンカーポイントツール］ で、楕円のアンカーポイントの1点をクリックします。

2　葉や花びらを複製し、グループ化する

作成した葉を選択し、option （Alt）を押しながらドラッグして複製します。コーナー部分をドラッグし、角度を調整します。作成した花びらと葉を選択し、command ＋G （Ctrl ＋G）を押してグループ化します。
同じ要領で花びらを複製し、回転させて形を整えたり、縮小したりして配置します。

STEP 3　花をミラーリングする

1　右と下へミラーリングする

作成した花を全て選択し、［オブジェクト］メニュー→［リピート］→［オプション...］をクリックします。［リピートオプション］ダイアログで「90°」にし、［OK］をクリックします。再度、［リピートオプション］ダイアログを表示して「180°」にし、［OK］をクリックします。

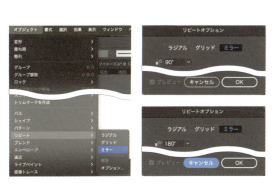

2　位置を調整する

花をダブルクリックし、［リピートミラー］表示にした状態で中央の線をドラッグします。ガイド線に沿って位置を調整します。

FINISH!

CHAPTER 01 | 素材を作る

12 クラシックな飾り枠を作る

シンプルで使いやすいクラシックな飾り枠を作りましょう！

1-12.ai
参考データ

STEP 1 魚形を作成する

1 基本の長方形を作成する

ツールバー→［長方形ツール］ に切り替え、［幅：70mm］［高さ：140mm］の縦長長方形を描きます。［ウィンドウ］メニュー→［プロパティ］をクリックし、［塗り：#e8dd6d］とします。

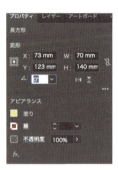

2 魚形にする

長方形を選択した状態で、［効果］メニュー→［ワープ］→［魚形...］をクリックします。［ワープオプション］ダイアログで［水平方向］［カーブ：10%］［水平方向：10%］［垂直方向：0%］にし、［OK］をクリックします。

［ワープ］についてもっと詳しく → p.208

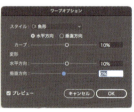

STEP 2　長方形を変形し合体する

1　アピアランスを分割する

長方形を選択した状態で、[オブジェクト]メニュー→[アピアランスを分割]をクリックします。ツールバー→[ダイレクト選択ツール]に切り替え、shiftを押しながら左側の角2つを選択し、コーナーウィジェットを内側にドラッグして角を丸くします。

2　対称にコピーをして合体する

[選択ツール]で全体を選択します。ツールバー→[リフレクトツール]に切り替え、オブジェクトの右端のアンカーポイントをoption（Alt）+クリックします。[リフレクト]ダイアログで[垂直]、[オブジェクトの変形]をオンにし、[コピー]をクリックすると、対称コピーされます。ツールバー→[選択ツール]に切り替え、2つのオブジェクトを選択し、[ウィンドウ]メニュー→[パスファインダー]をクリックし、[合体]をクリックします。

STEP 3　線をつける

1　オフセットを設定する

オブジェクトを選択した状態で、[ウィンドウ]メニュー→[アピアランス]をクリックします。[アピアランス]パネルの[効果]→[パス]→[パスのオフセット...]をクリックし、[オフセット：3.5mm]とします。[線の色：#917f7b]（グレー）[線分：5pt]とします。

FINISH!

CHAPTER 01 | 素材を作る

13 リボンを作る

見出しにも使える便利なリボンを作りましょう！

参考データ

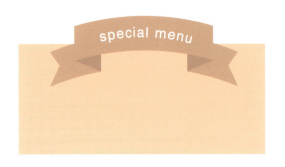

STEP 1　リボンの形を作成する

1　長方形を作成する

ツールバー→［長方形ツール］ に切り替え、アートボード上でクリックします。［長方形］ダイアログで［幅：142mm］［高さ：36mm］を入力して、［OK］をクリックすると、長方形が作成されます。もうひとつ［幅：52mm］［高さ：36mm］の長方形を重ねるように作成し、［プロパティ］パネルから、［塗り］を［#cd9579］（赤茶）、［線］を［なし］とします。

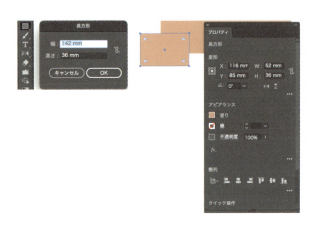

2　長方形をくぼませる

ツールバー→［ペンツール］ に切り替え、小さい長方形の左辺中央をクリックし、アンカーポイントを追加します。［ダイレクト選択ツール］ に切り替え、追加したアンカーポイントを選択し、内側へドラッグします。
小さい長方形を選択し右クリックして、［重ね順］→［最背面へ］をクリックします。

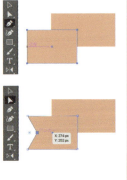

— 054 —

3 影を作る

ツールバー下部の［塗り］ボタンをダブルクリックし、［カラーピッカー］ダイアログで［塗り］をカラーコード［#ba8670］（赤茶）にし、［OK］をクリックします。ツールバー→［ペンツール］ に切り替え、影となる直角三角形を作ります。

4 小さなリボンをコピーする

ツールバー→［選択］ツール に切り替え、小さなリボンを全て選択し右クリックして、［変形］→［リフレクト］をクリックします。［リフレクト］ダイアログで［垂直］をオンにし、［コピー］をクリックし、［OK］をクリックします。

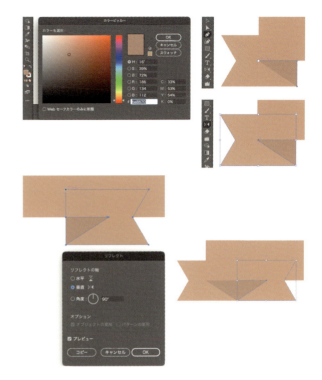

STEP 2 全体的にワープさせる

1 グループ化する

リフレクトしたオブジェクトを右端まで移動し、右クリックして［重ね順］→［最背面へ］をクリックします。作成したオブジェクトを全選択し、右クリックして［グループ］をクリックします。

［グループ］について
もっと詳しく → p.171

2 アーチ効果をかける

［効果］メニュー→［ワープ］→［アーチ...］をクリックし、表示される［ワープオプション］ダイアログで［スタイル：アーチ］［カーブ：25%］とし、［OK］をクリックします。

FINISH!

— 055 —

CHAPTER 01 | 素材を作る

14 シンプルな花を作る

カラフルな花を作りましょう！

参考データ

STEP 1 多角形を作成する

1 六角形を作る

ツールバー→［多角形ツール］に切り替えます。［多角形ツール］でアートボード上をダブルクリックすると、［多角形］ダイアログが表示されます。［辺の数］を「6」にし、［OK］ボタンをクリックします。

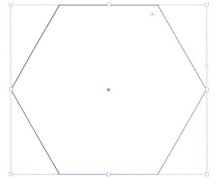

— 056 —

PART 1

作りたい！からはじめるIllustrator

STEP 2　六角形を変形する

1　パンク・膨張を適用する

ツールバー→［選択ツール］に切り替え、六角形を選択し、［効果］メニュー→［パスの変形］→［パンク・膨張...］をクリックします。表示される［パンク・膨張］ダイアログでスライダーを［膨張］の右方向にドラッグし、形を調整したら［OK］をクリックします。

2　色を変更する

ウィンドウ上部の［コントロール］パネルの［塗り］ボタンを shift を押しながらクリックし、カラーコード［#e8dd6d］、［線］は［なし］にします。

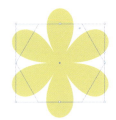

FINISH!

✅ 桜の花びらを作る

ツールバー→［スターツール］に切り替え、アートボード上でダブルクリックします。［スター］ダイアログで［第1半径：1px］［第2半径：200px］［点の数：5］とします。
次に、色を指定します。［塗り］は［#edd9d0］（淡赤）、［線］は［なし］にします。

線の形状が花びらになるように、［ウィンドウ］メニュー→［線］をクリックし、［線］パネルで［線幅：丸型先端］、［角の形状：ラウンド結合］にし、線幅を調整します。

— 057 —

CHAPTER 01 | 素材を作る

15 手描き風の家を作る

味のある手描き風の家を作りましょう！

1-15.ai
参考データ

STEP 1 屋根部分を作る

1 三角形で屋根を作る

ツールバー→［多角形ツール］をクリックし、任意の大きさの三角形を2つ作ります。1つ目の色は［塗り］［線］ともに［#c6bba6］、2つ目は同様に［#849797］を入力します。

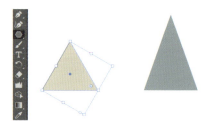

> ✓ 三角形以外の図形の場合
> 三角形ではない図形を利用する場合は、ドラッグした状態で↓を押し、頂点の数を減らします。

2 隙間を作る

ツールバー→［消しゴムツール］に切り替え、右側の三角形を横に2回ドラッグし、3つに分割します。2段目の台形の色は［塗り］［線］ともに［#edd9d0］、3段目の台形の色は同様に［#e8dd6d］を入力します。

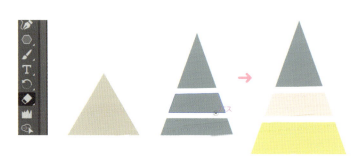

PART 1
作りたい！からはじめるIllustrator

STEP 2　家の本体を作る

1　長方形で本体を作る

ツールバー→［長方形ツール］ に切り替え、任意の大きさの長方形を3つ作ります。左の三角形の下2つは［塗り］［線］ともに［#eec29d］（薄茶）、［#b3cfd1］（灰青）、右の三角形の下は［#9aabaa］（グレー）を入力します。

2　正方形で窓枠を作る

［長方形ツール］ のまま shift を押しながらドラッグし、任意の大きさの正方形を作ります。作成した正方形を選択し、option （ Alt ）を押しながらドラッグして、3つ複製します。いずれも［塗り］［線］ともに［#ffffff］（白）とします。
同様にして、右の家にも窓枠を作ります。

3　窓枠を整える

ツールバー→［選択ツール］ に切り替え、作成した正方形4つを選択し、command （ Ctrl ）+Gをクリックし、グループ化します。グループ化した正方形をクリックし、外側の長方形を shift を押しながらクリックして、shift を離してもう一度クリックします。外側の長方形の枠が濃くなります。
ウィンドウ上部の［コントロール］パネルから、［整列］をクリックし、［オブジェクトの整列］で［水平方向中央に並列］をクリックします。すると、4つの正方形が外側の長方形の水平方向中央に配置されます。

［整列］についてもっと詳しく → p.173

— 059 —

CHAPTER 01 | 素材を作る

STEP 3 手描き風の加工を加える

1 ブラシを適用する

屋根の三角形を選択し、［ウィンドウ］メニュー→［ブラシ］をクリックします。［ブラシ］パネルで［ブラシライブラリメニュー］をクリックし、［アート］→［アート_木炭・鉛筆］をクリックします。表示された［アート_木炭・鉛筆］パネルで［鉛筆(太)］をクリックすると、ブラシの効果が適用されます。

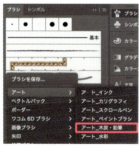
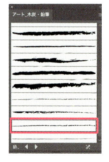

2 他の図形にブラシを適用する

他の図形についても、上記と同様にブラシの効果を適用します。

📖 ［ブラシ］についてもっと詳しく ➡ p.194

FINISH!

— 060 —

CHAPTER 02

柄を作って適用する

ボーダー柄や水玉模様、
ギンガムチェックやマーブルなど、
簡単なものから難しいものまで
チャレンジしてみましょう！

CHAPTER 02 | 柄を作って適用する

01 ボーダーを作る

さまざまな場面で使える斜めのボーダーパターンを作りましょう！

2-01.ai
参考データ

STEP 1　図形を作る

1　[塗り] と [線] を設定する

ツールバー下部の [塗り] ボタンをダブルクリック、[カラーピッカー] ダイアログを表示し、色を指定します。ここではカラーコード [#66ccff] を入力し水色に設定しました。
次に [線] ボタンをクリック、その後右下の赤い斜線のアイコンをクリックし、線を [なし] に設定します。

カラーコード [#66ccff] を入力。

2　水色の長方形を描く

ツールバー→[長方形ツール] に切り替え、アートボード上でドラッグすると、水色の長方形を描くことができます。これをストライプ1本の幅とします。

— 062 —

PART 1
作りたい！からはじめるIllustrator

3　白の長方形を作る

ツールバー→［選択ツール］に切り替え、長方形をクリックし選択します。それから Option ＋ shift を押しながら、先の長方形に隣接する位置までドラッグします。これで水色の長方形を複製しました。
複製した長方形を選択したまま、［ウィンドウ］メニュー→［スウォッチ］をクリック、［スウォッチ］パネルを表示し、パネルから白をクリックすると、長方形の［塗り］を白に変更できます。

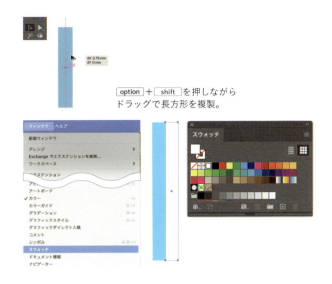

option ＋ shift を押しながらドラッグで長方形を複製。

STEP 2　パターンを登録して適用する

1　スウォッチに登録する

ツールバー→［選択ツール］のまま、 shift を押しながら2つの長方形を選択し、［スウォッチ］パネルにドラッグ＆ドロップして、パターンスウォッチとして登録します。

オブジェクトを［スウォッチ］パネルにドラッグ＆ドロップ

2　図形にパターンを適用する

［長方形ツール］や［楕円形ツール］で任意の図形を描いたあと、図形を選択したまま［スウォッチ］パネルから先ほど登録したパターンをクリックすると、図形の［塗り］にパターンが適用されます。
さらにツールバー→［回転ツール］をダブルクリック、［回転］ダイアログで［角度：45°］を入力、［オブジェクトの変形］のチェックを外して、［OK］をクリックします。図形の［塗り］に角度がつきました。

FINISH!

CHAPTER 02

CHAPTER 02 | 柄を作って適用する

02 水玉パターンを作る

ポップでかわいい水玉のパターンを作りましょう！

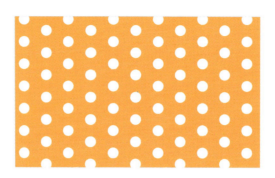

2-02.ai
参考データ

STEP 1　図形を作る

1　［塗り］と［線］を設定する

［ウィンドウ］メニュー→［スウォッチ］をクリック、［スウォッチ］パネルを表示します。パネルからオレンジをクリックすると、［塗り］をオレンジに設定できます。さらにパネル左上の［線］ボタンをクリックしたあと、［なし］をクリックして設定しました。

［塗り］をオレンジに設定。

［線］を［なし］に設定。

2　正方形を描く

ツールバー→［長方形ツール］ に切り替え、 shift を押しながらアートボード上でドラッグすると、縦横比が固定され正方形が描けます。

ここでは1辺が15mmの正方形とした。

3　正円を描く

ツールバー→［長方形ツール］ を長押しし、［楕円形ツール］ に切り替えます。 shift を押しながらアートボード上でドラッグし、先ほどの正方形より小さく正円を描きます。［スウォッチ］パネル左上の［塗り］ボタンをクリックし、パネルから白をクリック、正円の［塗り］を白に設定しました。

直径7mmの正円とした。

［線］は［なし］に設定。

4 図形を整列する

ツールバー→［選択ツール］に切り替え、shift を押しながらオレンジの正方形を選択し、正方形と正円の両方を選択した状態にします。そのまま、［ウィンドウ］メニュー→［整列］をクリック、表示された［整列］パネルから、［水平方向中央に整列］① をクリック、［垂直方向中央に整列］② をクリックして、正方形と正円の中心を揃えます。

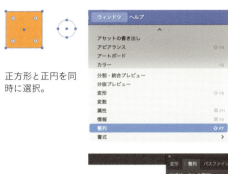

正方形と正円を同時に選択。

STEP 2 パターンを登録して適用する

1 パターンを作成し調整する

2つの図形を選択した状態で、［オブジェクト］メニュー→［パターン］→［パターンを作成］をクリックすると、［スウォッチ］パネルにパターンとして登録され、［パターンオプション］パネルが表示されます。ここでは［タイルの種類：レンガ（縦）］に設定し、ドキュメントウィンドウ上の何もない箇所をダブルクリックして確定します。

ウィンドウ上の何もない位置でダブルクリックして確定。

2 図形にパターンを適用する

［長方形ツール］ や［楕円形ツール］ で任意の図形を描いたあと、図形を選択したまま、［スウォッチ］パネルから先ほど登録したパターンをクリックすると、図形の［塗り］にパターンが適用されます。

FINISH!

CHAPTER 02　｜　柄を作って適用する

03　水玉グラデーションを作る

デザインのアクセントとして使える水玉のグラデーションを作りましょう！

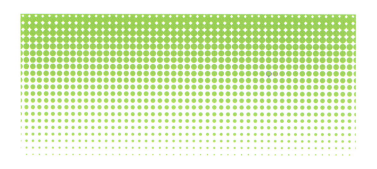

2-03.ai
参考データ

STEP 1　白黒のグラデーションを作る

1　［塗り］と［線］を設定する

［ウィンドウ］メニュー→［スウォッチ］をクリック、［スウォッチ］パネルを表示します。パネルから白と黒のグラデーションスウォッチをクリック、［塗り］をグラデーションに設定しました。また、パネル左上の［線］が［なし］になっていることを確認します。色がついている場合は［線］ボタンをクリックし、パネルから［なし］をクリックして設定します。

［塗り］をグラデーションに設定。

［線］を［なし］に設定。

2　グラデーションを作成する

ツールバー→［長方形ツール］に切り替え、アートボード上をドラッグし、［塗り］がグラデーションになった長方形を描きます。［ウィンドウ］メニュー→［グラデーション］をクリック、［グラデーション］パネルを表示、［角度：90°］に設定し、下から上に向かって色が濃くなるグラデーションに変更します。

横180mm、縦70mmとした。

［角度：90°］に設定変更。

— 066 —

PART 1

作りたい！からはじめるIllustrator

> STEP 2　カラーハーフトーンを作る

1　カラーハーフトーンを適用する

［効果］メニュー→［ピクセレート］→［カラーハーフトーン］をクリックし、ダイアログに数値を入力します。ここでは［最大半径：30pixel］、各チャンネルを［90］に設定、［OK］をクリックして確定します。

［最大半径：30pixel］、各チャンネルを［90］に設定。

2　オブジェクトをラスタライズする

［オブジェクト］メニュー→［ラスタライズ］をクリックし、さきほど加えた［効果］を画像化します。
［ラスタライズ］の設定は、［カラーモード：RGB］［解像度：高解像度（300ppi）］［背景：ホワイト］［アンチエイリアス：アートに最適（スーパーサンプリング）］とし、［OK］で確定します。

［RGB］［高解像度(300ppi)］［ホワイト］
［アートに最適（スーパーサンプリング）］

3　画像トレースでベクター化する

画面上部の［コントロール］パネルから［画像トレース］をクリックし、オブジェクトをベクター化します。
さらに［コントロール］パネルから、［画像トレース］パネルアイコンをクリック。［画像トレース］パネルの［詳細］▼から、［オプション］の［カラーを透過］をチェックすることで、背景の白色を透明にできます。
設定が完了したら［拡張］をクリックします。

［画像トレース］

［カラーを透過］にチェック。

4　任意の色に変更する

オブジェクトを選択した状態で、任意の［塗り］を変更できます。

FINISH!

CHAPTER 02 | 柄を作って適用する

04 ギンガムチェックを作る

簡単で可愛いギンガムチェックのパターンを作りましょう！

2-04.ai
参考データ

STEP 1 チェックの柄を作成する

1 [塗り] の色を設定する

ツールバー下部の［塗り］ボタンをダブルクリック、［カラーピッカー］ダイアログを表示し、色を指定します。ここではカラーコード［#ec6d45］を入力しオレンジに設定しました。また、パネル左上の［線］が［なし］になっていることを確認します。色がついている場合は［線］ボタンをクリックし、右下の［なし］をクリックします。

カラーコード［#ec6d45］を入力。

［線］を［なし］に設定。

2 正方形を作成する

ツールバー→［長方形ツール］  に切り替え、アートボード上をクリックし、表示された［長方形］ダイアログで、［幅：10mm］［高さ：10mm］を入力、［OK］をクリックして確定し、正方形を作成します。

［幅：10mm］［高さ：10mm］に設定。

PART 1
作りたい！からはじめるIllustrator

3　正方形を複製する

ツールバー→［選択ツール］に切り替え、作成した正方形を選択します。そしてまず[option]を押しながら図形をクリックして、クリックを維持したままさらに[shift]を押しつつ、正方形を隣接する位置までドラッグすると、正方形を複製できます。
同じように複製を繰り返して、4つの正方形を作ります。ここでは、それぞれの正方形の［塗り］を［#f19975］［#fdf3ed］［#f7c6ae］と設定しました。

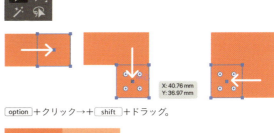
[option]＋クリック→＋[shift]＋ドラッグ。

STEP 2　パターンを登録して適用する

1　スウォッチに登録する

ツールバー→［選択ツール］のまま、4つの正方形オブジェクト全体を囲むようにドラッグし、同時に選択します。［ウィンドウ］メニュー→［スウォッチ］をクリックし、［スウォッチ］パネルを表示、選択していたオブジェクトをパネルにドラッグ＆ドロップして、パターンスウォッチとして登録します。

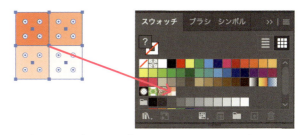
オブジェクトを［スウォッチ］パネルにドラッグ＆ドロップ。

［パターンスウォッチ］について
もっと詳しく → p.205

2　図形にパターンを適用する

［長方形ツール］や［楕円形ツール］で任意の図形を描いたあと、図形を選択したまま［スウォッチ］パネルから先ほど登録したパターンをクリックすると、図形の［塗り］にチェックのパターンが適用されます。

FINISH!

CHAPTER 02 | 柄を作って適用する

05 ポップなランダムパターンを作る

好きな色や図形でも作れる、ランダムパターンを作成しましょう！

2-05.ai
参考データ

STEP 1 パターンの元となる図形を作成する

1 正方形を描く

ツールバー→［長方形ツール］ に切り替え、shift を押しながらアートボード上でドラッグすると、縦横比が固定され正方形が描けます。

ここでは1辺が13mmの正方形とした。

2 正円を2つ描く

ツールバー→［長方形ツール］ を長押しし、［楕円形ツール］ に切り替えます。shift を押しながらアートボード上でドラッグし、大きな正円と小さな正円を描きます。

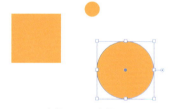

ここでは直径4mm、直径15mmの正円とした。

3 三角形を描く

ツールバー→［楕円形ツール］ を長押しし、［多角形ツール］ に切り替えます。アートボード上でドラッグすると、初期設定では六角形が表示されます。ドラッグしながら↓を押すと、頂点の数を減らすことができるので、三角形になるまで↓を押します。

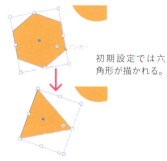

初期設定では六角形が描かれる。

— 070 —

PART 1
作りたい！からはじめるIllustrator

STEP 2　図形の色を変える

1　［線］だけの円にする

ツールバー→［選択ツール］に切り替え、大きな正円をクリックして選択します。それから［ウィンドウ］メニュー→［スウォッチ］をクリック、［スウォッチ］パネルを表示します。パネル左上の［線］ボタンをクリック、一覧から黄色をクリックします。
また、パネル左上の［塗り］ボタンをクリック、一覧から［なし］を選びます。最後に画面上部の［コントロール］パネルで、［線：3pt］を入力、円の線を太くします。

［線］を黄色に設定。

［塗り］を［なし］に設定。

［線：3pt］に設定。

2　図形の［塗り］を変更する

ツールバー→［選択ツール］に切り替え、色を変更したいオブジェクトをクリックして選択します。それから［スウォッチ］パネル左上の［塗り］ボタンをダブルクリックし、［カラーピッカー］を表示、任意の色に変更します。
作例では、三角形を［#33cccc］（黄）、四角形を［#cc66cc］（紫）、小さな正円を［#000000］（黒）としました。

直接カラーを選択するか、ダイアログに数値を入力。

STEP 3　ランダム性を加える

1　四角形の角度を変更する

ツールバー→［選択ツール］に切り替え、四角形をクリックして選択し、頂点に表示されている白い四角のハンドルにカーソルを近づけると、カーソルの形状が双方向の矢印に変わります。その状態でドラッグし、オブジェクトの角度が変更します。

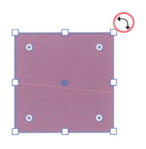
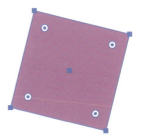

CHAPTER 02　　柄を作って適用する

2　4つの図形を複製する

ツールバー→［選択ツール］のまま、4つのオブジェクト全体を囲むようにドラッグし、同時に選択します。クリックした状態のまま、いずれかのオブジェクトの上にカーソルを合わせ、まず option を押しながら図形をクリックし、クリックを維持したままさらに shift を押しつつ、右方向へドラッグすると、オブジェクトすべてを同時に複製できます。

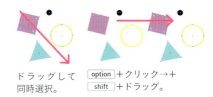

ドラッグして同時選択。　　option ＋クリック→＋ shift ＋ドラッグ。

3　ランダムに変形する

ツールバー→［選択ツール］のまま、オブジェクト全体を囲むようにドラッグし、同時に選択します。
［オブジェクト］メニュー→［変形］→［個別に変形］をクリックすると、［個別に変形］ダイアログが表示されます。
❶［移動］は［水平方向：-7mm］［垂直方向：8mm］、❷［回転］は［角度：30°］を入力、❸［オプション］は［ランダム］にチェック、左下の❹［プレビュー］にもチェックを入れます。［ランダム］のチェックを入れ外しするたび結果が変化するので、好みの配置になったら［OK］をクリックして確定します。

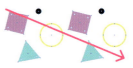

ドラッグして同時選択。

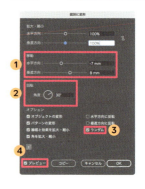

STEP 4　パターンを作成し調整する

1　パターンを作成する

すべての図形が選択されている状態で、［オブジェクト］メニュー→［パターン］→［パターンを作成］をクリックします。表示された［パターンオプション］パネルで［タイルの種類：グリッド］になっていることを確認し、ドキュメントウィンドウ上の何もない箇所をダブルクリックして確定します。

ドキュメントウィンドウ上の何もない箇所をダブルクリックして確定。

2　図形にパターンを適用する

ツールバー→［長方形ツール］や、［楕円形ツール］などで、任意の図形を描きます。［スウォッチ］パネルで［塗り］が指定されていることを確認し、パネルから先ほど登録したパターンをクリックすると、図形にパターンが適用されます。

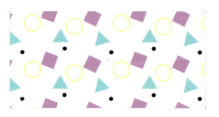

FINISH!

— 072 —

PART 1 | 作りたい！からはじめるIllustrator

06 マーブル模様を作る

おしゃれな雰囲気のマーブル模様に挑戦してみましょう！

2-06.ai
参考データ

CHAPTER 02

STEP 1 マーブル模様の元を作成する

1 ［塗り］と［線］を設定する

画面上に［スウォッチ］パネルが表示されていなければ、［ウィンドウ］メニュー→［スウォッチ］をクリック、［スウォッチ］パネルを表示します。パネル左上の［塗り］ボタンをダブルクリックし、［カラーピッカー］ダイアログを表示、作例では［#66cccc］と入力しエメラルドグリーンに設定しました。
また、パネル左上の［線］ボタンが［なし］になっているか確認し、線に色が入っている場合は、［線］ボタンをクリックしたあと［なし］をクリックします。

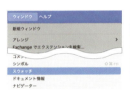

ここでは［#66cccc］を入力。

2 大小さまざまな円を描く

ツールバー→［長方形ツール］ ■ →［楕円形ツール］ ● で、アートボード上をドラッグし、敷き詰めるように楕円形をたくさん描きます。
ツールバー→［選択ツール］ ▶ に切り替え、 shift を押しながら任意の数ランダムに楕円形を選択し、［スウォッチ］パネルから［塗り］を変更します。作例では、2色目を［#ffcccc］（桃）、3色目を［#fbf1f1］（薄桃）、4色目を［#d9e9fc］（薄青）としました。

［長方形ツール］を長押しして［楕円形ツール］を表示。

ランダムに楕円を作成。

shift を押しながら図形を選択し［塗り］を変更。

— 073 —

CHAPTER 02 | 柄を作って適用する

STEP 2 色を混ぜてマーブル模様を作る

1 ［うねりツール］で色を混ぜる

ツールバー→［選択ツール］のまま、オブジェクト全体を囲むようにドラッグし、同時に選択します。それからツールバー→［選択ツール］→［うねりツール］のアイコンをダブルクリックし、［うねりツールオプション］を表示します。
作例では［幅：30mm］［高さ：30mm］［角度：0°］［強さ：40％］［旋回量：40°］［詳細：2］［単純化：50］に設定し、［OK］をクリックして確定しました。
そして、オブジェクト上でクリックをしたまま、上下左右にカーソルを動かしていきます。同じ位置でカーソルを動かさないでいると、その分うねりも強くなるので、カーソルを動かす速度にも強弱をつけると、より色味が混ざり合います。

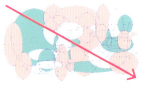
オブジェクト全体を同時に選択。

上下左右にカーソルを動かす。

> ✅ **ツールが見つからないときは**
>
> ツールバーからツールが見つからないときは、ツールバーが［基本］状態になっていないか確認しましょう。［ウィンドウ］メニュー→［ツールバー］→［詳細］をクリックしてチェックを入れると、ツールバーを［詳細］状態に切り替えられます。

2 オブジェクトをグループ化する

クリックをやめると、すべてのオブジェクトが選択状態になっているので、その状態で command ＋クリック→［グループ］をクリックします。これですべてのオブジェクトが一つのグループとしてまとめられました。

FINISH!

CHAPTER 03

線を使いこなす

線はさまざまな図形に作り替えることができます。
矢印や破線、光線のほか、
フレアにも挑戦してみましょう。

CHAPTER 03 | 線を使いこなす

01 矢印を作る

基本的な矢印を作りましょう！

参考データ

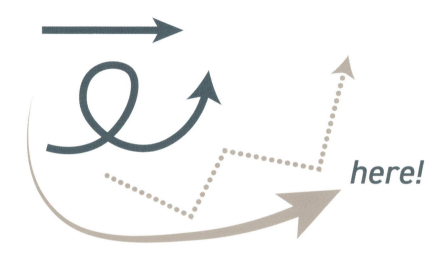

STEP 1　基本の矢印を作成する

1　直線を引く

ツールバー→［直線ツール］に切り替え、直線を引きます。このとき、shift を押しながらドラッグするとまっすぐな線が引けます。

2　矢印付きの線にする

［ウィンドウ］メニュー→［線］をクリックします。［線］パネルが表示されるので、［塗り：なし］［線：#2c6274］（濃青）［線幅：1.75mm］［矢印］の右側を［矢印2］とします。

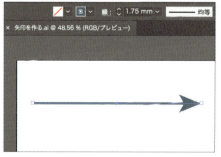

— 076 —

☑ [矢印] 設定が表示されない場合

[矢印] の設定部分が表示されない場合は、[線] パネルの右上のメニューから [オプションを表示] をクリックします。

STEP 2　矢印の形を整える

1　線幅や先端を調整する

矢印の幅や先端を大きくします。[線] パネルで [線幅：7mm] にし、矢印の三角部分のサイズを [倍率：42％] に変更します。

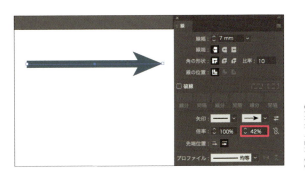

FINISH!

☑ 曲線の矢印を作る

曲線の矢印は、曲線を描き、上記の手順と同様に、線幅や矢印の形を指定して作成します。

ツールバー→ [曲線ツール] で曲線を描きます。

[ウィンドウ] メニュー→ [線] をクリックし、[線] パネルで、[塗り：なし] [線の色：#2c6274] [線幅：7mm] [矢印] の右側を [矢印1] [倍率：51％] にします。色や太さ、矢印の大きさは自由に設定してみましょう。

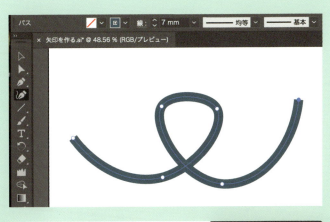

CHAPTER 03 | 線を使いこなす

02 破線を作る

色々な形の破線を作りましょう！

3-02.ai
参考データ

STEP 1　シンプルな破線を作成する

1　直線を引く

ツールバー→［直線ツール］に切り替え、［shift］を押しながら任意の長さの線をドラッグして引きます。

2　破線にする

［ウィンドウ］メニュー→［線］をクリックします。［線］パネルが表示されるので、［線幅：0.7mm］［線端：丸型先端］、［破線］にチェックを入れ、［線分］を［14mm］とします。

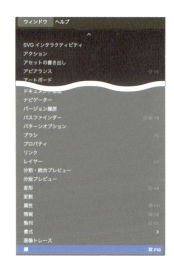

FINISH!

— 078 —

✓ シンプルな点線を作成する

ツールバー→直線ツール で、直線を引き、[線] パネルを表示します。

[線幅：1.4mm][先端：丸型先端][破線] にチェックを入れ、[線分：0mm][間隔：3.5mm] とします。

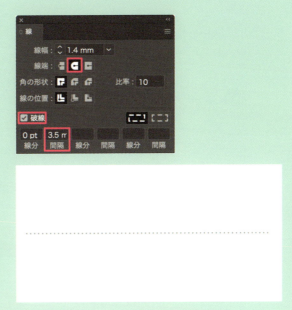

✓ 長短破線を作成する

[線] パネルでは、線の太さや線分の間隔を指定すると色々な破線を作成できます。ここでは、長い線と短い線を組み合わせた破線を作成してみましょう。

[ウィンドウ] メニュー→[線] をクリックし、[線] パネルを表示します。

[線幅：1.4mm][線端：丸型先端][破線] にチェックを入れ、[線分：10.5mm][間隔：3.5mm][線分：0mm][間隔：3.5mm] とすると、一点鎖線を描くことができます。

CHAPTER 03 | 線を使いこなす

03 波線を作る

色々な波線のバリエーションを作りましょう！

参考データ

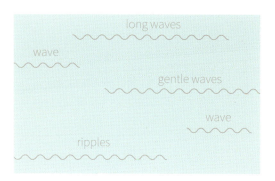

STEP 1　シンプルな波線を作成する

1　直線を引く

ツールバー→［直線ツール］ に切り替え、shift を押しながらドラッグして任意の長さの線を描きます。

2　ジグザグ線にする

［効果］メニュー→［パスの変形］→［ジグザグ…］をクリックします。

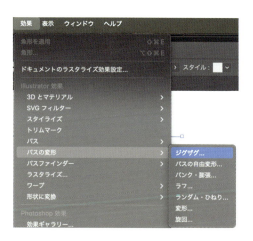

— 080 —

3　波線を作成する

表示される［ジグザグ］ダイアログで［オプション］の［入力値］をオンにし、［大きさ：3.5mm］［折り返し：20］、［ポイント］の［滑らかに］をオンにして、［OK］をクリックします。

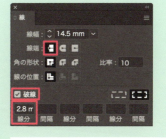

FINISH!

✓ 斜線の波線を作る

ツールバー→［直線ツール］　で、線を作ってみましょう。
前ページのSTEP 1 の **1** と同様に線を描きます。［ウィンドウ］メニュー→［線］をクリックし、［線］パネルを表示します。［線幅：14.5mm］、［線端：線端なし］、［破線］にチェックを入れ、［線分：2.8mm］とすると、棒状の破線ができます。

次に、［効果］メニュー→［パスの変形］→［ジグザグ...］をクリックし、表示される［ジグザグ］ダイアログで［オプション］の［入力値］をオンにし、［大きさ：10.5mm］［折り返し：2］、［ポイント］の［滑らかに］をオンにして、［OK］をクリックします。

CHAPTER 03 | 線を使いこなす

04 集中線を作る

漫画に出てくるような集中線を作りましょう。

3-04.ai
参考データ

STEP 1　数値を指定して正円を作る

1　正円を作成する

ツールバー→［楕円形ツール］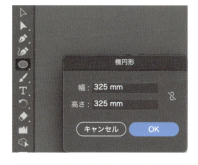に切り替え、アートボード上をクリックします。表示される［楕円形］ダイアログで［幅：325mm］［高さ：325mm］とし、［OK］をクリックすると正円が描けます。

2 線のみの正円にする

正円を選択した状態で、ウィンドウ上部の[コントロール]パネルから、[塗り]ボタンをクリックし、[なし]にします。[線]ボタンを shift を押しながらクリックし、カラーコード[#b3cfd1]（薄青）とします。

STEP 2　正円を加工する

1 [線]パネルで調整する

ウィンドウ上部の[コントロール]パネルの[線:]をクリックし[線]パネルを開き、[線幅：141mm]、[破線]にチェックを入れ、[線分：0.35mm]とします。

2 アウトライン化する

[オブジェクト]メニュー→[パス]→[パスのアウトライン]をクリックします。

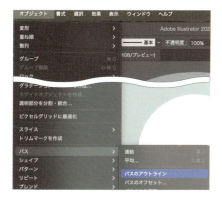

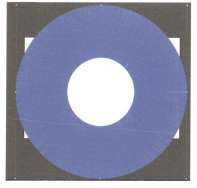

— 083 —

CHAPTER 03 | 線を使いこなす

> **STEP 3** 集中線を加工する

1 集中線を分解する

［オブジェクト］メニュー→［複合パス］→［解除］をクリックし、1つ1つのオブジェクトを選択できるようにします。

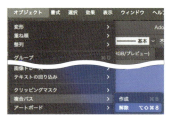

2 集中線を変形する

［オブジェクト］メニュー→［変形］→［個別に変形...］をクリックし、表示される［個別に変形］ダイアログで［拡大・縮小］の［水平方向］、［垂直方向］をともに［30％］にし、［オプション］の［オブジェクトの変形］［パターンの変形］［ランダム］にチェックを入れて、［OK］をクリックします。

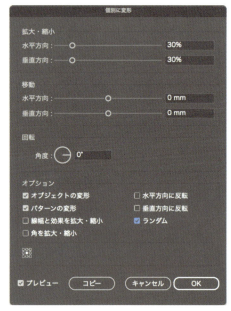

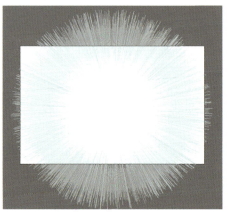

FINISH!

PART 1
作りたい！からはじめるIllustrator

05 光線を作る

装飾として便利な光の線を作りましょう！

3-05.ai
参考データ

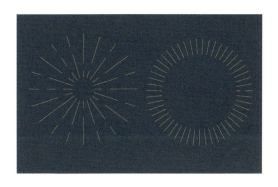

STEP 1　基本の光線を描く

1　直線を引いて複製する

ツールバー→［直線ツール］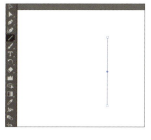に切り替え、shift を押しながら縦の直線を描きます。［オブジェクト］メニュー→［リピート］→［ラジアル］をクリックし、ウィンドウ上部の［コントロール］パネルから、［インスタンス数］を［20］、［半径］を［64mm］とします。

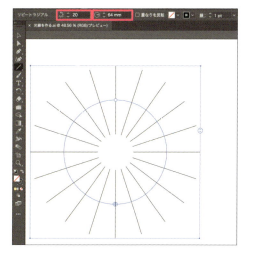

CHAPTER 03　　線を使いこなす

2　色をつける

オブジェクトが選択された状態で、ウィンドウ上部の［コントロール］パネルから、［カラー］ボタンをクリックし、［塗り］を［なし］に設定します。［線］ボタンを shift を押しながらクリックし、カラーコード［#ffdb80］（薄黄）、［線幅：0.35mm］にします。

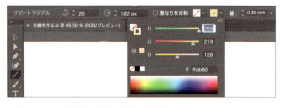

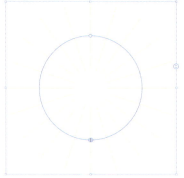

STEP 2　光線に隙間を空ける

1　円を2つ作成する

［オブジェクト］メニュー→［分割・拡張...］をクリックします。
表示される［分割・拡張］ダイアログで［オブジェクト］と［塗り］にチェックを入れ、［OK］をクリックします。
［楕円形ツール］に切り替え、 shift を押しながら正円を2つ描きます。

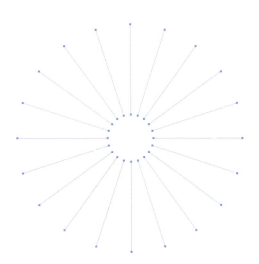
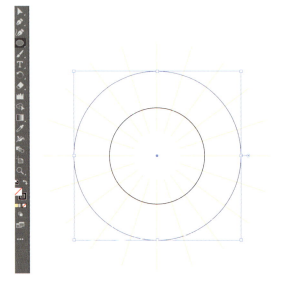

— 086 —

2 ガイド線を入れる

ツールバー→［選択ツール］に切り替え、2つの正円を選択し、［表示］メニュー→［ガイド］→［ガイドを作成］をクリックすると、正円2つがガイド線になります。

3 直線の隙間を消す

ツールバー→［消しゴムツール］をダブルクリックします。表示される［消しゴムツールオプション］ダイアログで［サイズ：33pt］とし、［OK］をクリックします。
ガイド線と交わる直線をランダムにクリックし、直線を途切れ途切れにします。

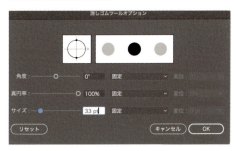

FINISH!

CHAPTER 03 | 線を使いこなす

06 フレアを作る

フレアツールを使ってリアルな光源を作りましょう！

練習データ　参考データ

STEP 1　ツールと画像を準備する

1　ツールをツールバーに追加する

ツールバーの下部にある［ツールバーを編集］をクリックします。
［フレアツール］をクリックし、ツールバーにドラッグ＆ドロップで追加します。

— 088 —

2　画像を選択する

［ファイル］メニュー→［配置...］をクリックします。
［配置］ウィンドウで配置する画像（3-06p.jpg）を選択します。

3　画像を配置する

アートボードをクリックして、画像を配置します。shift を押しながら四角にドラッグして、縦横比を保ったまま画像を拡大します。

STEP 2　フレアを作る

1　フレアを作成する

ツールバー→［フレアツール］ に切り替えます。光源の中心にしたい位置をクリックし、そのままドラッグしてフレアの大きさを調整しながら、↑↓を押して光線の本数を調整します。

2 リングを作成する

フレアが選択された状態で、アートボードの左下をクリックし、リングを配置します。

3 微調整する

フレアが選択された状態で、ツールバー→［フレアツール］をダブルクリックします。表示される［フレアツールオプション］ダイアログで、数値を調整することでフレアを編集できます。

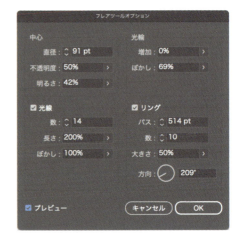

FINISH!

CHAPTER 04

文字を加工する

文字をカーブ上に配置したり、
袋文字や動きのある文字に変えたりできます。
文章を自由な位置や、
写真の周りに配置してみましょう。

CHAPTER 04 | 文字を加工する

01 文字を入力する

テキストの調整方法を覚えましょう！

4-01.ai
参考データ

STEP 1　ポイント文字を作成する

1　文字を入力する

ツールバー→［文字ツール］に切り替え、アートボード上に文字を入力します。return（Enter）を押して改行しない限り、1行のまま伸び続けます。調整したい文字にカーソルを合わせ、→ を押して文字を選択します。

2　［文字］パネルを表示する

［ウィンドウ］メニュー→［書式］→［文字］をクリックします。

［ポイント文字］について
もっと詳しく → p.188

3　文字の大きさを調整する

［文字］パネルが表示されます。ここで文字の大きさを変更します。

4　カーニングを調整する

字間を均等に調整（カーニング）したい場合は、［文字ツール］ で調整箇所をクリックしてカーソルを移動します。
［文字］パネルで［カーニング］の数値を変更し、字間を調整します。

5　揃え位置を調整する

文字を選択した状態で、［文字］パネルのメニューをクリックし、［文字揃え］→［欧文ベースライン］をクリックします。

FINISH!

CHAPTER 04 | 文字を加工する

02 パスに沿って文字を入力する

パスに沿って文字を配置してみましょう！

参考データ 4-02.ai

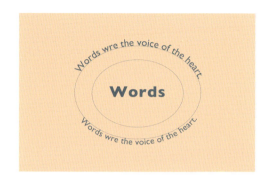

STEP 1　パス上に文字を入力する

1　楕円を描く

ツールバー→［楕円ツール］ ◯ に切り替え、楕円を描きます。

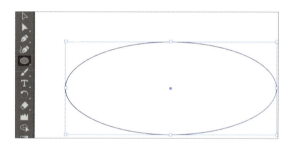

2　曲線の上に文字を入力する

［パス上文字ツール］ に切り替え、楕円の上にカーソルを合わせます。パスが表示されたらクリックし、文字を入力します。文字の［塗り］は［#eec29d］（ベージュ）、［線］は［なし］とします。

📖 ［パス上文字ツール］について
　　もっと詳しく → p.190

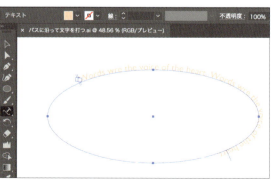

— 094 —

PART 1

作りたい！からはじめるIllustrator

3 開始位置を調整する

楕円に沿って入力した文字が左右バランスよく配置されるよう、文字の開始位置を調整します。ツールバー→［選択ツール］に切り替え、文字を選択し、文字の先端にあるブラケットにカーソルを近づけてポインターの形が変わったら、ドラッグして移動し開始位置を調整します。

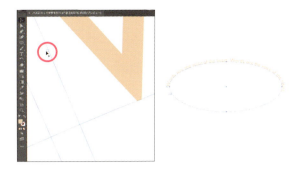

STEP 2 文字を反時計回りにする

1 もう1つパス上テキストを作る

STEP 1の手順を繰り返し、もう1つパス上に文字を入力します。

2 文字を反時計回りにする

［選択ツール］でもう1つのパス上テキストを選択し、ツールバー→［パス上文字ツール］をダブルクリックします。表示される［パス上文字オプション］ダイアログで［反転］にチェックを入れ、［パス上の位置］を［アセンダ］にして、［OK］をクリックします。

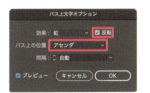

3 パス上文字を調整する

下のテキストが上のテキストよりも楕円から離れているため、調整します。
ツールバー→［選択ツール］に切り替え、下のテキストを選択し、command＋T（Ctrl＋T）を押して［文字］パネルを開きます。［ベースラインシフト］を［5pt］とします。

FINISH!

— 095 —

CHAPTER 04

CHAPTER 04 | 文字を加工する

03 テキストボックスを作る

テキストボックスの作り方を学びましょう！

参考データ

STEP 1　エリア内文字を作成する

1　エリアを設定して入力する

ツールバー→［文字ツール］に切り替え、アートボード上でドラッグします。テキストボックスが作成され、テキストエリア内に文字を作成することができます。

2　位置を移動する

ツールバー→［選択ツール］に切り替え、テキストボックスをドラッグすると位置を移動できます。

STEP 2 文字の色を変更する

1 文字列の色を変更する

ツールバー→［文字ツール］ に切り替え、ウィンドウ上部の［コントロール］パネルの［塗り］ボタンを shift を押しながらクリックして、カラーコード［#234e5e］（濃緑）と入力します。

2 一部の色を変更する

［文字ツール］ で、最初の1文字をドラッグして選択します。1と同じ操作でカラーコード［#9aabaa］と入力します。

STEP 3 文字の大きさを変更する

1 一部の文字の大きさを変更する

［文字ツール］ で1文字目を選択し、［ウィンドウ］メニュー→［書式］→［文字］をクリックして、［文字］パネルを表示します。［フォントサイズ］を［30pt］、［行送りを設定］を［38pt］に変更します。

2 テキストボックスを広げる

1文字目を大きくしたことで、テキストボックスに文字が収まらなくなった場合は、ツールバー→［選択ツール］ に切り替え、テキストボックスを選択し、各辺にあるハンドル□を下や右にドラッグしてボックスを広げます。

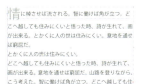

FINISH!

CHAPTER 04 | 文字を加工する

04 回り込みテキストを作る

テキストをオブジェクトに沿って配置しましょう！

4-04.ai
参考データ

STEP 1　テキストエリアと画像を配置する

1　エリアを設定して入力する

ツールバー→［文字ツール］  に切り替え、アートボード上でドラッグして、テキストエリアを作成します。テキストエリア内に文字を入力することができます。

2　画像を配置する

ツールバー→［選択ツール］ に切り替えます。
Finderから、挿入する画像を選択し、Illustratorのアートボード上にドラッグ＆ドロップして、クリックで配置します。

3　画像と文字の配置を調整する

［選択ツール］で画像を選択し、テキストエリアに重なるよう移動します。

STEP 2　テキストの回り込みを設定する

1　テキストの回り込みを設定する

画像を選択した状態で、［オブジェクト］メニュー→［テキストの回り込み］→［作成］をクリックすると、テキストの回り込み機能が有効になります。画像をエリア内文字の前面にドラッグして重ねると、文字が画像を避けるように移動していきます。

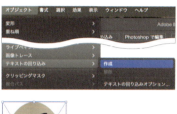

2　画像とテキストの間隔を調整する

画像と文字の間隔は、［オブジェクト］メニュー→［テキストの回り込み］→［テキストの回り込みオプション...］をクリックすると表示される［テキストの回り込みオプション］ダイアログで調整します。

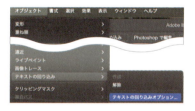

FINISH!

CHAPTER 04 | 文字を加工する

05 袋文字を作る

［塗り］と［線］を重ねて袋文字を作ってみましょう！

参考データ

STEP 1 文字を入力する

1 ［塗り］を追加する

ツールバー→［文字ツール］ に切り替え、アートボード上に「SALE」と文字を入力します。文字は、［塗り：なし］［線：なし］とします。

［ウィンドウ］メニュー→［アピアランス］をクリックします。表示される［アピアランス］パネルで左下の［新規塗りを追加］をクリックし、カラーの枠を shift を押しながらクリックして、［カラー］パネルで［#ffe7cc］（肌色）とします。

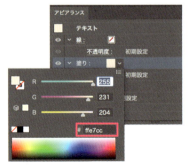

— 100 —

PART 1
作りたい！からはじめるIllustrator

2　［線］を設定する

新規塗りを追加した際に、自動で線が追加されています。［線］ボタンを shift を押しながらクリックし、［カラー］パネルでカラーコード［#ff9723］（橙）と入力します。
文字の見た目を確認しながら、ここでは［線幅］を［2.5mm］にします。

STEP 2　［塗り］と［線］の位置を変更する

1　［塗り］を追加し、レイヤー位置を変更する

STEP 1の2と同じ手順で［塗り］を追加し、カラーコード［#54a368］（緑）と入力します。
最後に追加した［塗り］が最背面でない場合は、［アピアランス］パネルの［塗り］の項目をドラッグして一番下に移動し、最背面に配置させます。

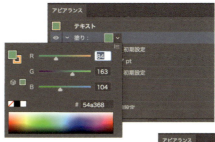

2　［塗り］の位置をずらす

［アピアランス］パネルで最後に追加した［塗り］（緑）を選択した状態で、パネルの左下にある［新規効果を追加］→［パスの変形］→［変形...］をクリックします。
表示される［変形効果］ダイアログで［移動］の［水平方向］を［14px］、［垂直方向］を［5px］にし、［オプション］の［オブジェクトの変形］にチェックを入れ、［OK］をクリックすると、［塗り］（緑）が右側にが移動します。

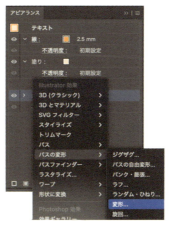

FINISH!

— 101 —

CHAPTER 04 | 文字を加工する

06 文字を動かす

ランダムに文字を動かしてみましょう！

4-06.ai
参考データ

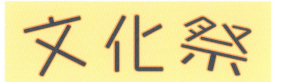

STEP 1 文字を入力する

1 文字を入力する

ツールバー→［文字ツール］ T に切り替え、アートボード上に文字を入力します。

2 ［塗り］と［線］の色を設定する

ツールバー→［選択ツール］ ▷ に切り替え、文字を全て選択し、［塗り：#a69591］（グレー）［線：なし］とします。

PART 1
作りたい！からはじめるIllustrator

STEP 2　文字の大きさをランダムに変更する

1　［文字タッチツール］を使う

［ウィンドウ］メニュー→［書式］→［文字］をクリックし、表示される［文字］パネルで［文字タッチツール］をクリックします。

［文字タッチツール］の状態で大きさを変えたい文字をクリックすると、クリックした文字のみ選択されます。右端の○をドラッグすると、文字が拡大されます。いくつか文字を選択して、サイズをランダムに調整しましょう。

> ✅ ［文字タッチツール］が表示されない場合
>
> ［文字タッチツール］が表示されない場合は、［文字］パネルのメニューをクリックし、［文字タッチツール］をクリックしてオンにすると、表示されます。
>
>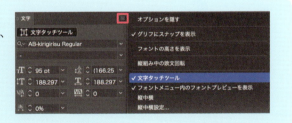

STEP 3　文字の角度をランダムに変更する

1　［文字タッチツール］で角度を変える

［文字タッチツール］で文字を選択し、文字の真上の白丸にカーソルを合わせてドラッグすると角度が変更できます。
位置を水平・垂直方向に移動したい場合は、文字を選択してからドラッグします。

FINISH!

— 103 —

CHAPTER 04 　|　 文字を加工する

07 文字を立体的に加工する

文字を立体的に加工してみましょう！

STEP 1　文字を入力する

1　文字を入力する

ツールバー→［文字ツール］ に切り替え、アートボード上に「Illustrator」と文字を入力します。文字は、［塗り：なし］［線：なし］とします。

2　［アピアランス］パネルを表示する

［ウィンドウ］メニュー→［アピアランス］をクリックします。表示される［アピアランス］パネルで左下の［新規塗りを追加］をクリックします。

— 104 —

3 ［塗り］を追加する

［塗り］ボタンを shift を押しながらクリックし、［カラー］パネルで［#dbd4c8］とします。

4 ［線］を設定する

新規塗りを追加した際に、自動で線が追加されています。［アピアランス］パネルの［線］のカラーを shift を押しながらクリックし、［カラー］パネルで［#65b5b8］（青緑）にします。
文字の見た目を確認しながら、［線幅］を［1mm］にします。

STEP 2　文字を立体にする

1 ［選択ツール］を使って移動する

文字を選択した状態で、ツールバー→［選択ツール］をダブルクリックします。表示される［移動］ダイアログで［位置］の［水平方向］、［垂直方向］をともに［1.4mm］とし、［コピー］をクリックします。カラーは［線：#65b5b8］［塗り：なし］、［線幅］は［1mm］にします。

2 レイヤーを移動する

［ウィンドウ］メニュー→［レイヤー］をクリックし、［レイヤー］パネルを表示します。複製した文字をドラッグして一番下に移動します。

3 ［ブレンドツール］で文字を立体にする

複製元の文字も同時に選択し、［オブジェクト］メニュー→［ブレンド］→［ブレンドオプション...］をクリックします。表示される［ブレンドオプション］ダイアログで［ステップ数：100］にし、［OK］をクリックします。［オブジェクト］メニュー→［ブレンド］→［作成］をクリックすると、文字に立体感を出すことができます。

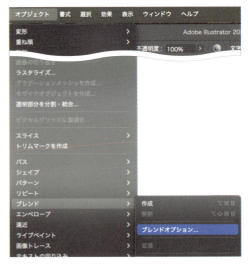

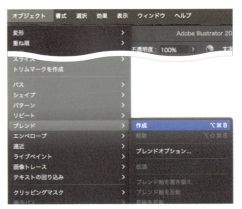

FINISH!

CHAPTER 05

パスを操る

パスを使うとイラストを変形させたり、
色や配置を変えたりできます。
イラストを加工してみましょう。

CHAPTER 05 | パスを操る

01 パスを使ってイラストを描く

パスを上手に操りながらイラストを描いてみましょう！

5-01.ai
参考データ

STEP 1　傘の生地部分を描く

1　半円を作る

ツールバー→［楕円形ツール］ に切り替え、shift を押しながらドラッグして正円を描きます。次に、ツールバー→［ダイレクト選択ツール］ で底辺の青い点（アンカーポイント）をクリックし、delete を押すと半円になります。
［ウィンドウ］メニュー→［パスファインダー］をクリックし、表示される［パスファインダー］パネルの［合体］をクリックしてパスを結合させます。

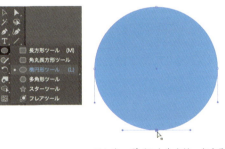

アンカーポイントをクリックする。

［パスファインダー］について
もっと詳しく → p.180

— 108 —

PART 1
作りたい！からはじめるIllustrator

2　3つの円でへこみを作る

［楕円形ツール］ で shift を押しながらドラッグして、小さな正円を描きます。
［選択ツール］ で円を選択し、 option ＋ shift を押しながら隣り合う場所までドラッグで移動します。同じ操作で3つの円を作ります。
shift を押しながら1つ目、2つ目の円を選択し、四隅の□（バウンディングボックスのハンドル）のいずれかをクリックしたままドラッグし、3つの円の幅と半円の直径が同じになるよう調整します。また、円の中心と半円の底辺が重なるように位置も調整します。

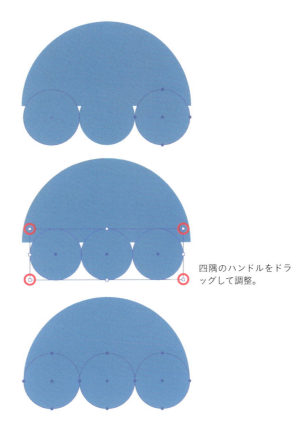

四隅のハンドルをドラッグして調整。

3　半円を切り抜く

shift を押しながら半円をクリックし、［パスファインダー］パネルの［前面オブジェクトで切り抜き］をクリックします。半円が切り抜かれます。

［前面オブジェクトで切り抜き］

STEP 2　傘の軸部分を描く

1　縦長の長方形を作る

ツールバー→［長方形ツール］ に切り替え、傘の中心に縦長の長方形を描きます。
長方形の上で command ＋クリック→［重ね順］→［最背面へ］をクリックし、軸が生地部分よりも後ろになるように入れ替えます。

CHAPTER 05

— 109 —

CHAPTER 05 | パスを操る

STEP 3 傘の持ち手を描く

1 長方形の角を丸める

ツールバー→［長方形ツール］ に切り替え、持ち手の幅になるように長方形を描きます。 shift を押しながら、四隅にある●ライブコーナーウィジェットのうち、右下、左下の2箇所をクリックします。そのまま上へドラッグすると、選択した角だけが丸まります。

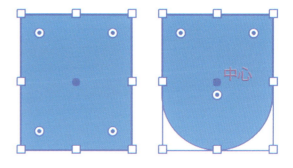

2 一回り小さい長方形を作る

［オブジェクト］メニュー→［パス］→［パスのオフセット］をクリックし、［パスのオフセット］ダイアログで［オフセット：-3mm］［角の形状：マイター］［角の比率：4］にし、［OK］をクリックします。先ほどのオブジェクトより一回り小さい長方形ができます。
プレビューを見ながらオフセットの数値を調整しましょう。

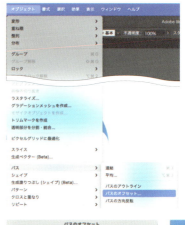

3 オブジェクトの一部を変形する

ツールバー→［ダイレクト選択ツール］ に切り替え、手順2で作成したオブジェクトの右上と左上のアンカーポイントを shift を押しながらクリックします。
そのまま shift を押しながら真上にドラッグすると、下半分の形は保ったまま、より縦長の図形にできます。

PART 1
作りたい！からはじめるIllustrator

4　くり抜いて変形する

ツールバー→［選択ツール］に切り替え、shiftを押しながら背面のオブジェクトをクリックします。［パスファインダー］パネルの［前面オブジェクトで切り抜き］をクリックすると、オブジェクトがU字にくり抜かれます。
ツールバー→［ダイレクト選択ツール］に切り替え、U字の左上2つのアンカーポイントだけを囲むようにドラッグして選択します。このまま↓を押してU字の左側だけを低くしていきます。
再び、ツールバー→［選択ツール］に切り替え、持ち手のパーツを傘の上に重ね、大きさやバランスも調節しましょう。

［前面オブジェクトで切り抜き］

左上2つのアンカーポイントだけを選択して調整。

STEP 4　色を変える

1　軸と持ち手の色を変える

［ウィンドウ］メニュー→［スウォッチ］をクリックし、［スウォッチ］パネルを表示します。ツールバー→［選択ツール］に切り替え、色を変えたいオブジェクトをクリックし、色を選びます。ここでは軸を灰色に、持ち手は青にしています。
また、どのオブジェクトも［スウォッチ］パネルから［線］を［なし］にします。

CHAPTER 05 | パスを操る

STEP 5 雨を作る

1 楕円を作り変形する

ツールバー→［楕円形ツール］に切り替え、縦長の楕円形を作ったあと、ツールバー→［ダイレクト選択ツール］に切り替え、楕円の頂点のアンカーポイントをクリック、↑を数回押して形を変えます。

ツールバー→［アンカーポイントツール］に切り替え、楕円の頂点のアンカーポイントをクリックすると、なだらかだった頂点が角になり、しずく状になります。

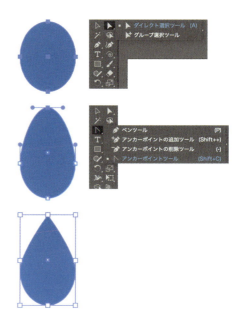

2 オブジェクトを複製し色を変える

ツールバー→［選択ツール］に切り替え、しずくをクリックし、option（Alt）を押したままドラッグしてマウスを離すと、オブジェクトを複製できます。何度か繰り返して、傘の周りに雨粒をたくさん作ります。
shift を押しながら雨をランダムにクリックして選択します。
［スウォッチ］パネルの［塗り］をダブルクリックし、表示される［カラーピッカー］で色（［#99CCFF］と［#CCCCFF］）を指定します。

option ＋ドラッグでオブジェクトを複製。

FINISH!

PART 1 | 作りたい！からはじめるIllustrator

02 ブラシを作ってイラストを描く

手描きの風合いをプラスできるイラストを描いてみましょう！

5-02.ai
参考データ

STEP 1　手描き風のブラシを作る

1　ゆがんだ円形を作る

ツールバー→［楕円形ツール］に切り替え、楕円形を描きます。ツールバー→［ダイレクト選択ツール］に切り替え、アンカーポイント（青い点）をクリックし、ハンドルを表示します。

ハンドルの端をクリックしたままドラッグすると、円がゆがんでいきます。4つあるアンカーポイントそれぞれのハンドルを動かします。

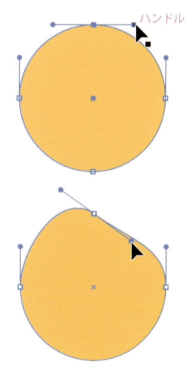

— 113 —

CHAPTER 05 | パスを操る

2 色とサイズを変更する

[ウィンドウ] メニュー→ [スウォッチ] をクリックし、[スウォッチ] パネルを表示します。
[塗り] ボタンをクリックし、[塗り：黒] を選択して、[線：なし] にします。
ツールバー→ [選択ツール] に切り替え、変形したオブジェクトを選択、画面上部の [コントロール] パネルから [変形] をクリックし、[W（幅）] [H（高さ）] ともに [0.4mm] に設定します。

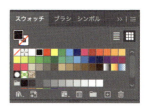

3 ブラシを登録する

[ウィンドウ] メニュー→ [ブラシ] をクリックし、[ブラシ] パネルを表示します。
[選択ツール] で先ほどのオブジェクトをクリックで選択し、[ブラシ] パネル内にドラッグ＆ドロップします。
表示された [新規ブラシ] ダイアログで、[散布ブラシ] をオンにし、[OK] をクリックして登録します。
表示された [散布ブラシオプション] ダイアログで、[サイズ：ランダム、最小90％、最大110％]、[間隔：ランダム、最小30％、最大70％]、[散布：ランダム、最小-8％、最大8％]、[回転：ランダム、最小-90°、最大90°] と [OK] をクリックして確定します。

📖 [ブラシ] についてもっと詳しく ➡ p.194

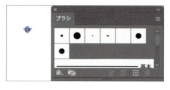

[新規ブラシ]

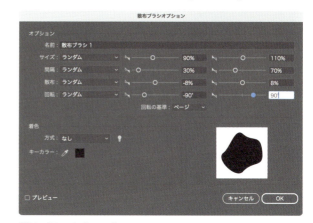

[散布ブラシオプション]

PART 1 | 作りたい！からはじめるIllustrator

STEP 2　イラストを描いてブラシを適用する

1　ブラシツールで絵を描く

ツールバー→［ブラシツール］ に切り替え、アートボード上をクリックしたままカーソルを動かして、好きな図形やイラストを描きます。［ブラシツール］ はカーソルの軌道がそのまま［線］として描写されます。

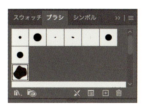

2　ブラシを適用して調整する

ツールバー→［選択ツール］ に切り替え、イラスト全体を囲むようにドラッグして選択します。
［ブラシ］パネルから、先ほど作ったブラシをクリックすると、イラストに手描きのような質感を加えることができました。

3　カクつきを補正する

曲線部分のカクつきを補正します。
オブジェクトが選択されている状態で、［効果］メニュー→［パスの変形］→［ラフ...］をクリックします。表示された［ラフ］ダイアログで［サイズ：0％］［詳細：15/inch］にして、［OK］をクリックします。

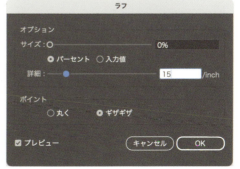

CHAPTER 05 | パスを操る

STEP 3 ［塗り］を設定して色をつける

1 複製して色をつける

オブジェクトの選択を解除するために、アートボード上の何もないところをクリックします。
花の輪郭線上をクリックし、option（Alt）を押しながら、少しドラッグしてから離すと、花を複製できます。同じように、葉のイラストも少しずらして複製します。ずらすことで、より手書きらしい質感になります。
［スウォッチ］パネルから、オブジェクトの色を変更します。ここでは［線］を［なし］、花の［塗り］を黄色、葉の［塗り］を黄緑に設定しました。

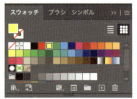

2 並び順を変更する

［塗り］を設定したオブジェクトを、shiftを押しながらクリックし、両方が選択された状態にします。
イラストの上で右クリック→［重ね順］→［最背面へ］をクリックし、［塗り］オブジェクトを線よりも後ろにします。

FINISH!

PART 1 | 作りたい！からはじめるIllustrator

03 効果を使って雰囲気を演出する

さまざまな効果を使ってイラストに味を加えましょう！

AFTER / BEFORE

5-03p.ai 練習データ　5-03.ai 参考データ

STEP 1　雲に風合いをつける

1　アピアランスから新規効果を追加する

まず［ファイル］メニュー→［開く］から、練習用データ「5-03p.ai」を開きます。
次に、［ウィンドウ］メニュー→［アピアランス］をクリックし、［アピアランス］パネルを表示します。
ツールバー→［選択ツール］に切り替え、左下の雲をクリックして選択します。そのまま［アピアランス］パネルの［塗り］をクリック、［新規効果を追加］ fx. をクリックして、［スタイライズ］→［光彩（内側）...］をクリックします。

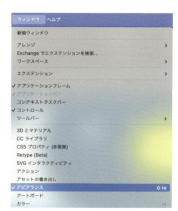

［アピアランス］パネル

— 117 —

CHAPTER 05　｜　パスを操る

2　効果［光彩（内側）］を加える

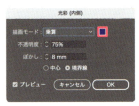

［光彩（内側）］ダイアログで、カラーアイコンをクリックし、表示された［カラーピッカー］ダイアログで、カラーコード［#333399］（濃青）と入力、［OK］をクリックし確定します。

［光彩（内側）］ダイアログで、［描画モード：乗算］［不透明：75％］［ぼかし：8mm］［境界線］をオンに設定し、［OK］をクリックして確定します。

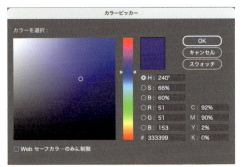

カラーアイコンをクリック。

3　不要な部分にマスクをかける

アートボード外のオブジェクトは、印刷や書き出し時には見えませんが、見た目を整えるためにマスクをかけます。
ツールバー→［長方形ツール］ に切り替え、アートボードの左隅から、雲全体が隠れるように長方形を描きます。
ツールバー→［選択ツール］ で shift を押しながら雲をクリックし、長方形と雲の両方が選択された状態にします。
オブジェクトの上で右クリック→［クリッピングマスクを作成］をクリックすると、長方形で覆った部分のみが見え、不要な部分を隠すことができます。

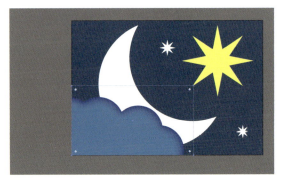

— 118 —

STEP 2　星のオブジェクトに効果を加える

1　グラデーションの[塗り]を加える

[選択ツール]  のまま、星のオブジェクトをクリックして選択します。[アピアランス]パネルの[新規塗りを追加]をクリックします。
追加した[塗り]のカラーボタンをクリックし、パネル内から[グラデーション]スウォッチをクリックします。
[種類]から[円形グラデーション]をクリックします。

> [グラデーション]についてもっと詳しく → p.200

[新規塗りを追加]

[グラデーション]スウォッチをクリック。

2　グラデーションの色と描画モードを変更する

グラデーションスライダー右端のマーカーをダブルクリックして、表示されたカラーピッカー上で、カラーコード[#FFA000]（オレンジ色）を入力します。
[新規効果を追加] fx. をクリックし、[テクスチャ]→[粒状]を選びます。
[密度]を「86」、[コントラスト]を「84」、[粒子の種類]は「ソフト」に設定します。
[アピアランス]パネルに戻り、グラデーションが設定された[塗り]のプルダウンをクリックして[不透明度]をクリックし、[乗算]を適用します。

プルダウンから[乗算]を選択。

— 119 —

CHAPTER 05 | パスを操る

STEP 3 　月や星に効果を加える

1　星のアピアランスを そのまま適用する

[選択ツール] で、星のオブジェクトを選択した状態で、[アピアランス] パネルの一番上の [パス] のサムネイルをクリックし、月のオブジェクト上にドラッグ＆ドロップします。この操作で、星のオブジェクトの効果が、月のオブジェクトにも適用されます。

サムネイルをクリック。

ドラッグ＆ドロップ。

2　輝きを表現する

[選択ツール] で、[shift] を押しながら白い星のオブジェクトをクリックし、2つとも選択された状態にします。

[アピアランス] パネルの [新規効果を追加] をクリックし、[スタイライズ] → [光彩（外側）...] をクリックします。
カラーピッカーで [白] を指定するか、カラーコード [#FFFFFF] を入力します。[描画モード：通常] [不透明度：75％] [ぼかし：2mm] にし、[OK] をクリックして確定します。

STEP 4 　背景に質感を加える

1　[塗り] を加える

背景の紺色の長方形オブジェクトを [選択ツール] で選択し、[アピアランス] パネルの [新規塗りを追加] をクリックします。追加した [塗り] のアイコンをクリックし、[スウォッチ] パネルで [黒] をクリックで指定します。

[新規塗りを追加]

[黒] をクリックで指定。

— 120 —

2 効果を加える

［アピアランス］パネルの［新規効果を追加］ fx. をクリックし、［スケッチ］→［グラフィックペン...］をクリックします。

［ストロークの長さ：3］［明るさ・暗さのバランス：40］として、［OK］をクリックして確定します。

［新規効果を追加］

3 質感を加える

［アピアランス］パネルから、［グラフィックペン］の下の［不透明度］をクリックし、［描画モード：乗算］［不透明度：20％］に設定します。

FINISH!

CHAPTER 05 | パスを操る

04 画像トレースを使いこなす

ベクターデータに変換して色や配置を変更しましょう！

5-04p.jpg 練習データ
5-04.ai 参考データ

AFTER

BEFORE

STEP 1 ［画像トレース］でパス化する

1 画像データをアートボードに配置する

［ファイル］メニュー→［配置...］をクリックし、練習用データ「5-04p.jpg」を選択して、［配置］をクリックすると、画像データをアートボードに配置できます。

2 ［画像トレース］でパスにする

ツールバー→［選択ツール］  に切り替え、配置した画像をクリックして選択します。
ウィンドウ上部の［コントロール］パネル→［画像トレース］をクリックし、画像をパス化（ベクター化）させます。
表示された［画像トレース］パネルのアイコンをクリックします。

3 ベクターデータに変換する

[画像トレース]パネルの[詳細]をクリックし、[カラーを透過]にチェックを入れます。画像の背景色である白が、自動で透明に変わります。設定が完了したら、一番下にある[拡張]をクリックします。ここまでの操作で、画像データをベクターデータに変換できます。

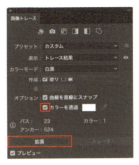

STEP 2　色を変えて配置を変更する

1 色を変える

ツールバー→[選択ツール] に切り替え、画像トレースしたイラストを選択します。
ツールバー下部の[塗り]ボタンをダブルクリックし、[カラーピッカー]で任意の色を設定します。ここではカラーコード[#CC99CC](紫)を入力し、[OK]をクリックして確定します。

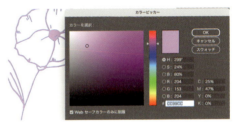

2 配置と角度を変える

[選択ツール] のまま、イラスト（パス）をダブルクリックし、[編集モード]に切り替えます。
筆記体「spring」全体を囲うようにドラッグし、筆記体部分だけを選択したあと、花と重なる位置までドラッグして移動します。
四隅に表示されている□（バウンディングボックスのハンドル）にマウスを近づけ、カーソルが両矢印に変わったら、ドラッグで角度を変更できます。ここでは約7°の角度をつけます。
ウィンドウ上部の[コントロール]パネルから、筆記体部分を[不透明度：50％]に設定し、花よりも少し淡くします。

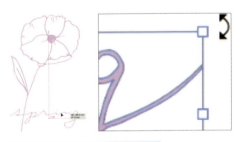

> ✓ 編集モード
>
> 編集モードでは、グループ化されたオブジェクトでも移動などができるようになります。編集モードを終了するには、何もないところをダブルクリックします。

FINISH!

CHAPTER 05 | パスを操る

05 ぼかしを使いこなす

雪や文字の周りをぼかしてみましょう！

STEP 1　雪をぼかす

1　雪を複数選択してぼかす

［ファイル］メニュー→［開く］から、練習用データ「5-05p.ai」を開きます。
［ウィンドウ］メニュー→［アピアランス］をクリックし、［アピアランス］パネルを表示します。
ツールバー→［選択ツール］に切り替え、［shift］を押しながら、粒の大きい雪5つをクリックして選択します。
［アピアランス］パネルから［新規効果を追加］ fx. をクリックし、［ぼかし］→［ぼかし（ガウス）...］をクリックします。
［ぼかし（ガウス）］ダイアログで［半径：20pixel］にし、［OK］をクリックして確定します。

PART 1 作りたい！からはじめるIllustrator

STEP 2　グラデーションをぼかす

1　文字に線を追加する

[選択ツール] ▷ で「SNOW」の文字を選択し、[アピアランス] パネルから [新規線を追加] をクリックします。追加した [線] を [内容] の下までドラッグします。元の白い文字（内容）の下に、今回追加した黒の [線] が表示されます。

2　線にグラデーションを適用する

追加した [線] のカラーをクリックして、[スウォッチ] パネルを表示し、[水色から紫] のグラデーションをクリックします。
[線の太さ：15pt] に設定すると、文字の周りにグラデーションの線をつけることができます。

3　グラデーションの線をぼかす

[アピアランス] パネルでグラデーションをつけた [線] をクリックします。
[新規効果を追加] fx. をクリックし、[ぼかし] → [ぼかし（ガウス）...] をクリックします。[ぼかし（ガウス）] ダイアログで、[半径：55 pixel] にし、[OK] をクリックして確定します。

FINISH!

— 125 —

CHAPTER 05 | パスを操る

06 ドロップシャドウを使いこなす

ぼかしの影やくっきりした影を付けてみましょう！

STEP 1　ぼかしの入った影を加える

**1　バナーボタンに
　　ドロップシャドウを加える**

［ファイル］メニュー→［開く］から、練習用データ「5-06p.ai」を開きます。
［ウィンドウ］メニュー→［アピアランス］をクリックし、［アピアランス］パネルを表示します。
ツールバー→［選択ツール］ に切り替え、「see more」の後ろ側にある、白いオブジェクトを選択します。
［アピアランス］パネル下部の［新規効果を追加］ fx. をクリックし、［スタイライズ］→［ドロップシャドウ...］をクリックします。

2 ドロップシャドウを設定する

表示された［ドロップシャドウ］ダイアログで、［描画モード：乗算］［不透明度：30％］［X軸オフセット：2mm］［Y軸オフセット：2mm］［ぼかし：3mm］［カラー：黒］にし、［OK］をクリックして確定します。

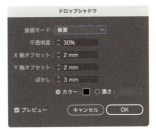

STEP 2　くっきりとした色つきの影を加える

1 文字にドロップシャドウを加える

［選択ツール］　で、「OPEN」の文字を選択します。

［アピアランス］パネル下部の［新規効果を追加］　をクリックし、［スタイライズ］→［ドロップシャドウ...］をクリックします。表示された［ドロップシャドウ］ダイアログで、［描画モード：通常］［不透明度：100％］［X軸オフセット：3mm］［Y軸オフセット：3mm］［ぼかし：0mm］とします。

［カラー］のアイコンをクリックし、表示された［カラーピッカー］ダイアログでカラーコード［#FFB600］（オレンジ色）を入力し、［OK］をクリックして確定します。

［ドロップシャドウ］ダイアログの［OK］をクリックして確定すると、ぼかしのないくっきりとしたシャドウができます。

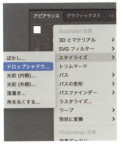

FINISH!

CHAPTER 05 | パスを操る

07 スタンプ風に加工する

マスクを使ってかすれ具合を表現しましょう！

STEP 1　オブジェクトにマスクをかける

1　マスクをかける

［ファイル］メニュー→［開く］から、練習用データ「5-07p.ai」を開きます。
ツールバー→［選択ツール］ に切り替え、オブジェクトをクリックして選択します。
ウィンドウ上部の［コントロール］パネルから、［不透明度］をクリックして、［透明］パネルを表示します。［マスク作成］をクリックして、［クリップ］と［グループの抜き］のチェックを外します。パネル中央付近の白いサムネイルをクリックすると、マスクが編集できる状態になります。

チェックを外し、白いサムネイルをクリック。

> ✅ **マスク**
> 「マスク」とはオブジェクトにカバーのようなものを被せて、一部分が見えなくすることができる機能です。白黒で表されます。

PART 1　作りたい！からはじめるIllustrator

STEP 2　オブジェクトをかすれさせる

1　ブラシを選択する

ツールバー→［ブラシツール］  をクリックし切り替え、［ウィンドウ］メニュー→［ブラシ］をクリックして、［ブラシ］パネルを表示します。［ブラシ］パネル左下の［ブラシライブラリ］ をクリックします。

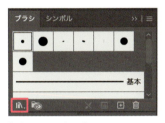

［ブラシライブラリ］をクリック。

2　ブラシ［チョーク］を選ぶ

［ブラシライブラリ］→［アート］→［アート_木炭・鉛筆］をクリックし、表示された［アート_木炭・鉛筆］ライブラリで［チョーク］をダブルクリックして、ブラシとして適用します。

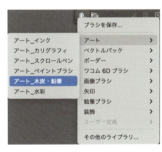
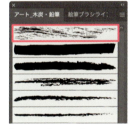

［チョーク］をダブルクリック。

3　ブラシの色と太さ設定する

ツールバー下部の［塗り］ボタンをクリックし、右下の［なし］をクリックして、塗りがない状態にします。
続いて［線］ボタンをダブルクリックし、表示される［カラーピッカー］ダイアログで、カラーコード［#000000］（黒）を入力、［OK］をクリックして確定します。
さらに、ウィンドウ上部の［コントロール］パネルから、［線：4pt］に設定します。

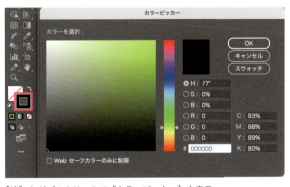

［線］をダブルクリックで［カラーピッカー］を表示。

— 129 —

4 ブラシでマスクの中に線を描く

[ブラシツール]で、黄緑色のオブジェクトのフチをなぞるようにドラッグしていきます。[ブラシツール]の軌跡に[チョーク]状のマスクがかかり、かすれたような見た目になります。
好みのかすれ具合になるまで何度も繰り返します。カーソルをドラッグする距離や、ブラシを適用する箇所によってかすれ方が変わります。動かす方向を揃えると、より自然に仕上がります。

5 マスクの編集を終了する

[コントロール]パネルから[不透明度]をクリックし、[不透明度]パネルから、左側のサムネイル（黄緑色のスタンプのサムネイル）をクリックします。
マスクの編集が終了し、オブジェクトを確定させることができます。

左側のサムネイルをクリック。

FINISH!

CHAPTER 06

画像を加工する

画像をアートボードに配置して、
マスクや効果を使い、
いろいろなデザインを作ってみましょう。

CHAPTER 06 | 画像を加工する

01 画像トレースで写真を加工する

写真を［画像トレース］でアーティスティックに加工しましょう！

STEP 1　画像トレースを使う

1　画像をアートボード上に配置する

［ファイル］メニュー→［配置...］をクリックし、練習用データ「6-01p.jpg」を選択して、［配置］をクリックすると、画像データをアートボードに配置できます。

画像データをアートボードに配置

2　［画像トレース］でパスにする

ツールバー→［選択ツール］  に切り替え、配置した画像をクリックして選択します。
ウィンドウ上部の［コントロール］パネルから、［画像トレース］をクリックし、画像をパス化（ベクターデータ化）させます。
［コントロール］パネルが切り替わったら、［画像トレース］  をクリックし、［画像トレース］パネルを表示します。

— 132 —

3 詳細を設定する

［画像トレース］パネルで、［カラーモード：カラー］、［カラー：3］とし、3色だけが使われるように設定します。
［詳細］をクリックし、［パス：50%］［コーナー：50%］［ノイズ：30px］に設定します。それから［コントロール］パネルで［拡張］をクリックします。一連の操作で、画像データをベクターデータに変換できます。

STEP 2　色を変更する

1 ［オブジェクトを再配色］で色を設定する

ベクターデータを選択した状態で、ウィンドウ上部の［コントロール］パネルから、［オブジェクトを再配色］をクリックします。
表示された［再配色］パネルの［詳細オプション］をクリックします。
［オブジェクトを再配色］ダイアログの［現在のカラー］から、［新規］を1列ずつクリックし、1色ずつ置き換えていきます。［新規］を1つクリックして指定したあと、左下のカラースライダー横にある［カラーモデルの変更］で［RGB］を指定します。
1色目（水色）から順に［R：160、G：140、B：200］（紫）へ、2色目（グレー）を［R：220、G：220、B：220］（薄いグレー）へ、3色目（黒）を［R：35、G：35、B：130］（紺）へ変更し、［OK］をクリックして確定します。

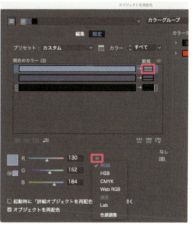

FINISH!

CHAPTER 06 | 画像を加工する

02 クリッピングマスクを使いこなす

クリッピングマスクで、画像をいろいろな形にくり抜きましょう！

STEP 1 画像を円形にくり抜く

1 画像をアートボード上に配置して複製する

［ファイル］メニュー→［配置...］をクリックし、練習用データ「6-02p.jpg」を選択して、［配置］をクリックすると、画像データをアートボードに配置できます。
画像を command + C （ Ctrl + C ）でコピーし、command + V （ Ctrl + V ）でペーストします。
複製した画像は、ツールバー→選択ツール で選択し、アートボード下方に移動しておきます。

画像データをアートボードに配置

2 画像を覆うように正円を描く

ツールバー→［楕円形ツール］ に切り替え、 shift を押しながら、画像の上に画像と同じ高さの正円を描きます。

PART 1
作りたい！からはじめるIllustrator

3 クリッピングマスクをかける

ツールバー→［選択ツール］に切り替え、shiftを押しながら画像をクリックして、円と画像の両方を選択します。カーソルをオブジェクトに重ねて、右クリック→［クリッピングマスクを作成］で、画像が円形にくり抜かれます。クリッピングマスクは、前面に描かれたオブジェクトの形で、背面のオブジェクトをくり抜くことができます。

STEP 2 文字の形にくり抜く

1 フォントやフォントサイズを設定する

ツールバー→［文字ツール］に切り替え、［ウィンドウ］メニュー→［書式］→［文字］をクリックして、［文字］パネルを表示します。ここではなるべく太い書体を選択します。［フォント］を［DIN 2014］（Adobe fontsより入手可能）の［Extra Bold］、［フォントサイズ］を［90pt］、［トラッキング］を［200］に設定します。

2 文字列「SUNSET」を入力する

［文字ツール］で、複製した画像の水平線の左端あたりをクリックし、「SUNSET」と入力します。
画像の幅いっぱいに文字が配置されます。位置がズレる場合は、ツールバー→［選択ツール］で、配置やサイズを調整しましょう。

CHAPTER 06

— 135 —

CHAPTER 06　｜　画像を加工する

3　文字列をアウトライン化する

ツールバー→［文字ツール］ T で、文字列をクリックして選択し、command ＋クリック（右クリック）→［アウトラインを作成］をクリックして実行します。

⊘ アウトライン化とは

テキストオブジェクトでは、マスクを使って画像をくり抜くことができないので、アウトライン化（ベクター化）させます。アウトライン化すると、文字情報がなくなり、フォントの変更や［文字］パネルを使った調整はできなくなります。

4　［複合パス］でオブジェクトをまとめる

複数のパスやオブジェクトでは、クリッピングマスクでうまく切り抜くことができません。［複合パス］を使って文字列「SUNSET」を1つにまとめます。

ツールバー→［選択ツール］ に切り替え、文字列を選択し、［オブジェクト］メニュー→［複合パス］→［作成］をクリックします。

5　クリッピングマスクをかける

ツールバー→［選択ツール］ で、shift を押しながら、背面の画像をクリックして、オブジェクトと画像の両方を選択します。そのままカーソルをオブジェクトに重ねて、右クリック→［クリッピングマスクを作成］をクリックして、画像を文字の形にくり抜きます。

［選択ツール］ でくり抜いたオブジェクトを選択して、ドラッグして1枚目の画像の下に配置します。

FINISH!

— 136 —

03 ヴィンテージ風に加工する

紙の素材にヴィンテージ風の加工を施してみましょう！

練習データ: 6-03p.jpg
参考データ: 6-03.ai

STEP 1 長方形のフチをギザギザにする

1 画像を配置し長方形を作成する

［ファイル］メニュー→［配置...］をクリックし、練習用データ「6-03p.jpg」を選択して、［配置］をクリックすると、画像データをアートボードに配置できます。
ツールバー→［長方形ツール］に切り替え、配置した画像の上でドラッグし、画像よりも少し小さな長方形を描きます。

2 長方形を変形する

［効果］メニュー→［パスの変形］→［ラフ...］をクリックし、表示されたダイアログで［サイズ：0.2%］［詳細：20/inch］［ポイント：ギザギザ］に設定、[OK]をクリックして確定します。長方形のフチがギザギザに変形します。

CHAPTER 06 | 画像を加工する

3 ［効果］をパスとして分割する

ツールバー→［選択ツール］ に切り替え、［ラフ］をかけた長方形オブジェクトをクリックして選択します。
［オブジェクト］メニュー→［アピアランスを分割］をクリックし適用すると、長方形にかかっていた効果が、パスとして反映されます。

STEP 2　画像にクリッピングマスクをかける

1 オブジェクトを複製する

［選択ツール］ で、長方形オブジェクトをクリックして選択し、command＋C（Ctrl＋C）でコピー、command＋F（Ctrl＋F）を押すと、コピー元のオブジェクトと同位置にペーストされます。

オブジェクトをずらすと、複製されているとわかる。

2 クリッピングマスクをかける

［選択ツール］ で、Shift を押しながら背面の画像をクリックし、複製した長方形オブジェクトと画像の両方を選択します。
カーソルをオブジェクトに重ねて、右クリック→［クリッピングマスクを作成］をクリックし、画像をオブジェクトの形でくり抜きます。

— 138 —

STEP 3　ヴィンテージ風にする

1　複製したオブジェクトを前面に配置する

くり抜いた画像を［選択ツール］で選択し、右クリック→［重ね順］→［最背面へ］をクリック、最背面へ移動し、もう一方の長方形オブジェクトを前面に表示します。

2　オブジェクトの色を変える

［選択ツール］で前面の長方形オブジェクトを選択し、［ウィンドウ］メニュー→［アピアランス］をクリックします。
［アピアランス］パネルの［塗り］の色をダブルクリックして［スウォッチ］を表示し、［白］をクリックして変更します。
画面上の何もないところをクリックすれば、変更を確定できます。

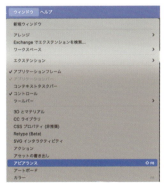

3　フチに効果を追加する

［アピアランス］パネル左下の［新規効果を追加］ をクリックし、［スタイライズ］→［光彩（内側）...］をクリックします。

4 効果の詳細を設定する

表示された［光彩（内側）］ダイアログから、［カラー］ボタンをクリック、［カラーピッカー］でカラーコード［#996633］（茶）に設定し、［OK］をクリックして確定します。
再び［光彩（内側）］ダイアログから、［描画モード：乗算］［不透明度：50%］［ぼかし：10mm］にし、［境界線］をオンにして、［OK］をクリックして確定します。

カラーアイコンをクリック。

［#996633］に設定。

5 日焼けを表現する

［アピアランス］パネルの［塗り］の項目から、［不透明度］をクリックし、［描画モード］を［乗算］に設定します。オブジェクトのフチに、日に焼けたような古びた効果を加えることができました。

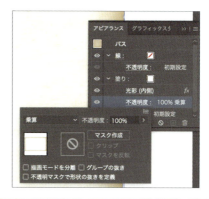

FINISH!

CHAPTER 07

図形と文字で
デザインする

図形と文字だけでも
こだわったデザインができます。
オリジナルのバナーやカレンダーを
作ってみましょう。

CHAPTER 07 | 図形と文字でデザインする

01 バナーを作る

シンプルだけど目を惹くWeb用の広告バナーを作りましょう！

参考データ 7-01.ai

STEP 1 背景を作成する

1 アートボードを正方形に変更する

ツールバー→［アートボードツール］をダブルクリックし、［アートボードオプション］ダイアログを表示します。アートボードの大きさを［幅：200mm］［高さ：200mm］とし、［OK］をクリックします。

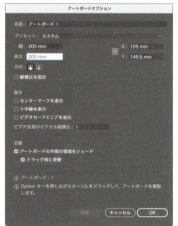

> **✓ アートボードの表示**
> アートボードが一部しか表示されない場合は、 command + 0 （ Ctrl + 0 ）を押すと、アートボード全体を表示できます。

正方形のアートボードを作成する。

— 142 —

2 ［塗り］と［線］を設定する

ツールバー→［長方形ツール］に切り替え、ツールバー下部の［塗り］ボタンをダブルクリックします。表示された［カラーピッカー］ダイアログで、カラーコード［#CC66FF］（紫）を入力し、[OK]をクリックして確定します。［線］は［なし］にします。

3 長方形を作成する

［長方形ツール］で、アートボードの左上にカーソルを合わせてクリックします。表示された［長方形］ダイアログで、アートボードと同じ［幅：200mm］［高さ：200mm］を指定し、[OK]をクリックして確定します。

4 黄色の長方形を作る

ツールバー→［選択ツール］で、正方形オブジェクトをクリックし選択します。command＋C（Ctrl＋C）でオブジェクトをコピーし、そのままcommand＋F（Ctrl＋F）を押すと、コピー元のオブジェクトと同じ位置にペーストされます。
複製した正方形を選択した状態で、ツールバー下部の［塗り］アイコンををダブルクリックし、表示された［カラーピッカー］ダイアログで、カラーコード［#FFDA00］（黄）を入力し、[OK]をクリックして確定します。［線］は［なし］に設定します。

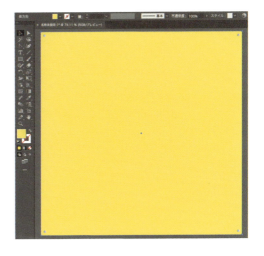

5 アンカーポイントを削除する

ツールバー→［ダイレクト選択ツール］に切り替え、黄の正方形オブジェクトの右下のアンカーポイントをクリックして選択します。
delete を押してアンカーポイントを削除すると、黄の正方形オブジェクトが、直角三角形になりました。

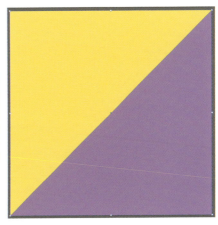

CHAPTER 07 | 図形と文字でデザインする

STEP 2　文字を入力して配置する

1　オブジェクトをロックする

ツールバー→［選択ツール］に切り替え、shiftを押しながら、紫と黄のオブジェクトの両方を選択します。そのまま［オブジェクト］メニュー→［ロック］→［選択］をクリックし、2つのオブジェクトをロックします。
ロックを解除する際は、［オブジェクト］メニュー→［すべてをロック解除］をクリックします。

2　文字を入力する

［ウィンドウ］メニュー→［書式］→［文字］をクリックし、［文字］パネルを表示します。
ツールバー→［文字ツール］に切り替え、「FINAL」「SALE」「50」「%」「OFF」と入力します。文字列（単語）を1つ入力したら、command（Ctrl）を押しながら、ワークスペース上の何もない箇所をクリックし、入力を終了します。
そのあと、新たに入力開始位置をクリックし、次の文字列を入力します。

3　フォントをまとめて変更する

command+A（Ctrl+A）を押し、入力した文字列をすべて選択します。
［文字］パネルで［フォント：DIN 2014］（Adobe Fontsで入手可）［フォントスタイル：Bold］に設定します。

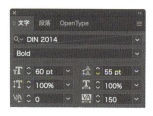

PART 1
作りたい！からはじめるIllustrator

4 各文字列の大きさや色を変更する

ツールバー→［文字ツール］で、各文字列を選択し、［文字］パネルから［フォントサイズ］と［トラッキング］を設定します。文字色は、ウィンドウ上部の［コントロール］パネルの［塗り］アイコンをクリックし、表示された［スウォッチ］パネルから設定します。

「FINAL」「SALE」は［フォントサイズ：160pt］［トラッキング：200］［塗り：白］に、「50」は［フォントサイズ：190pt］［トラッキング：75］に、「%」は［フォントサイズ：85pt］に、「OFF」は［フォントサイズ：35pt］［トラッキング：75］に設定しました。

📖 ［文字］パネルについてもっとくわしく → p.191

5 文字の配置を調整する

ツールバー→［選択ツール］に切り替え、それぞれの文字列をクリックし選択し、位置を調整します。

STEP 3 装飾を加える

1 黒い線の四角を描く

ツールバー→［長方形ツール］に切り替え、「50%OFF」を囲むようにドラッグ、長方形を描き、↑←→↓で位置を調整します。
ツールバー下部のアイコンから、［塗り］を［なし］に、［線］を［黒］に設定します。

2 線の太さを変更する

ウィンドウ上部の［コントロール］パネルから、長方形の線の太さを変更します。ここでは、目立つように「2.5mm」と太めに設定しました。

FINISH!

CHAPTER 07 | 図形と文字でデザインする

02 カレンダーを作る

カレンダーを作って、自由にアレンジしてみましょう！

7-02.ai

STEP 1　背景を作成する

1　アートボードのサイズを変更する

ツールバー→［アートボードツール］をダブルクリックし、［アートボードオプション］ダイアログを表示します。［プリセット：A5］［方向：横］に設定し、［OK］をクリックして、アートボードのサイズを変更します。

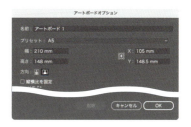

2　［長方形ツール］で背景を描く

ツールバー→［長方形ツール］に切り替え、ツールバー下部の［塗り］アイコンをダブルクリックします。
表示された［カラーピッカー］ダイアログで、カラーコード［#ECD9CE］（薄茶）を入力、［OK］をクリックします。［線］は［なし］にします。
［長方形ツール］で、アートボード全面に長方形を描きます。

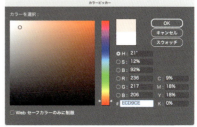

— 146 —

PART 1

作りたい！からはじめるIllustrator

STEP 2　日付の枠を作成する

1　白い長方形を描く

［長方形ツール］  で、前面に［幅：150mm］［高さ：120mm］の長方形を描きます。長方形オブジェクトを選択した状態で、ツールバー下部の［塗り］アイコンをダブルクリックし、表示された［カラーピッカー］ダイアログで、カラーコード［#FFFFFF］（白）を入力、［OK］をクリックします。［線］は［なし］にします。

2　枠を分割する

ツールバー→［選択ツール］ に切り替え、前面の白い長方形オブジェクトを選択します。
［オブジェクト］メニュー→［パス］→［グリッドに分割...］をクリックし、［グリッドに分割］ダイアログを表示します。［行］は［段数：5］［間隔：1mm］、［列］は［段数：7］［間隔：1mm］と入力し、［OK］をクリックします。

3　グループ化する

分割されたオブジェクト上で、右クリック→［グループ］をクリックし、オブジェクトをグループ化します。
［選択ツール］ で、グループ化したオブジェクトを選択し、command+C（Ctrl+C）で、オブジェクトを一旦コピーしておきます。

4　レイヤーを分ける

［ウィンドウ］メニュー→［レイヤー］をクリックし、［レイヤー］パネルを表示します。右下の［新規レイヤーを作成］をクリックし、「レイヤー2」を作成します。
「レイヤー1」の左側をクリックすると、レイヤーにロックがかかり、「レイヤー1」内のオブジェクトを動かすことができなくなります。

空欄をクリックしレイヤーをロック。

CHAPTER 07 　|　 図形と文字でデザインする

5　オブジェクトを別レイヤーへ複製する

［レイヤー］パネルから「レイヤー2」をクリックしレイヤーを切り替え、command + F （Ctrl + F）を押すと、オブジェクトをコピー元と同じ位置、異なるレイヤー上へペーストできます。

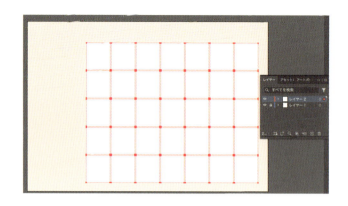

STEP 3　カレンダーに日付を入れる

1　枠内に日付を入力する

任意のエディターツール上で、日付ごとに改行したプレーンテキストを用意します。
Illustrator上で、ツールバー→［選択ツール］ に切り替え、「レイヤー2」の白枠オブジェクトを選択します。［書式］メニュー→［スレッドテキストオプション］→［作成］をクリックし、枠をテキストボックスに変換します。
エディターツール上で、入力した日付をすべて選択し、command + C （Ctrl + C）で日付テキストをコピーします。
Illustrator上で、ツールバー→［テキストツール］ に切り替え、枠の左上にカーソルを合わせてクリックし、command + V （Ctrl + V）でテキストをペーストします。

任意のエディターツールでテキスト入力。

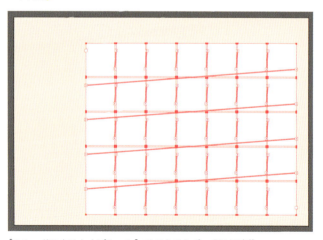

［スレッドテキストオプション］でテキストボックスに変換。

枠内に日付を入力。

— 148 —

2　文字の書体やサイズを指定する

［ウィンドウ］メニュー→［書式］→［文字］をクリック、［文字］パネルを表示したのち、［選択ツール］で文字列を選択します。
［文字］パネルで［フォント：DIN 2014］（Adobe Fontsで入手可）［フォントスタイル：Regular］［フォントサイズ：12pt］［行送り：57pt］［トラッキング：50］に設定します。

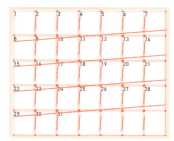

［文字］パネルで各項目を設定。

3　文字位置を調整する

枠の端と文字が重なっているため、→↓を何度か押しながら、文字位置を調整します。

STEP 4　曜日を入れる

1　曜日枠のテキストボックスを作成する

ツールバー→［長方形ツール］ ■ に切り替え、7枠分と同じ長さの長方形を、枠の上部に作成します。

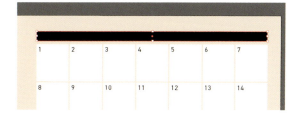

2　曜日枠を分割する

［オブジェクト］メニュー→［パス］→［グリッドに分割...］をクリック、［グリッドに分割］ダイアログで、［行］は［段数：1］、［列］は［段数：7］［間隔：1mm］とし、［OK］をクリックします。
さらに［書式］メニュー→［スレッドテキストオプション］→［作成］をクリックし、テキストボックスにします。

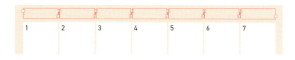

3　文字を入力して調整する

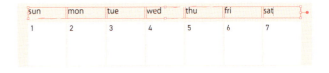

ツールバー→［文字ツール］に切り替え、ボックスにカーソルを合わせ、クリックしてテキスト入力します。曜日ごとに enter を押して、入力ボックスを移動します。

4　曜日の書体を変更する

ツールバー→［選択ツール］に切り替え、曜日の文字列全体を囲むようドラッグし選択します。

［文字］パネルで［フォント：Braisetto Regular］（Adobe Fontsで入手可）、［フォントスタイル：Regular］、［フォントサイズ：20pt］にします。
メニューバー［ウィンドウ］→［書式］→［段落］をクリック、［段落］パネルを表示し、［中央揃え］をクリックします。

［中央揃え］をクリック。

STEP 5　色を変更する

1　全体の文字色を変える

［選択ツール］で、曜日と日付の全体を囲むようにドラッグして選択します。ツールバー下部の［塗り］アイコンをダブルクリックし、［カラーピッカー］ダイアログで、カラーコード［#996633］（茶色）を入力します。

［塗り］アイコンをダブルクリック。

— 150 —

2 一部の文字色を変える

ツールバー→［ダイレクト選択ツール］
 を長押しし、［グループ選択ツール］
 に切り替え、左端（日曜）のボックスをすべて選択します。
ツールバー下部の［塗り］ボタンをダブルクリックし、［カラーピッカー］ダイアログで、カラーコード［#cc0033］（赤）を入力します。
同様に、土曜日の日付も［6699cc］（青）に変更します。

［ダイレクト選択ツール］を長押し。

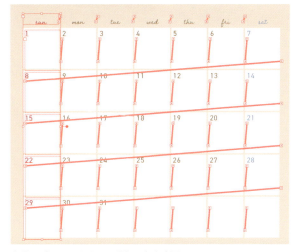

左端のボックスをすべて選択し色を変更。

> **✓ 複数の文字列を選択する**
>
> 複数の文字列の色をまとめて変更したい場合は、 shift を押しながら文字列の上をクリックすると、複数の文字列を選択できます。

STEP 6　リボンの月名を入れる

1 月名の枠を作る

ツールバー→［長方形ツール］
 に切り替え、アートボード左上に長方形を描きます。
ツールバー下の［塗り］アイコンをダブルクリックし、
［カラーピッカー］でカラーコード［#cc9386］（赤茶）を入力します。
［オブジェクト］メニュー→
［パス］→［アンカーポイントの追加］をクリックすると、長方形の各辺中央にアンカーポイントが追加されます。

［#cc9386］の長方形を作成。

— 151 —

CHAPTER 07 | 図形と文字でデザインする

2 長方形をリボン状にする

ツールバー→［グループ選択ツール］ を長押しし、［ダイレクト選択ツール］ に切り替えます。長方形底辺中央のアンカーポイントをクリックし、↑を数回押してリボン状にします。

［グループ選択ツール］を長押し。

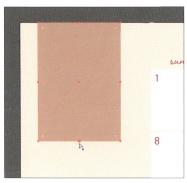

アンカーポイントをクリック。

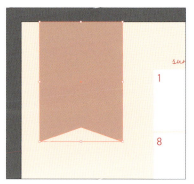

リボン状に変形。

3 月の文字を入力する

ツールバー→［文字ツール］ に切り替え、リボンをクリックして月名を入力します。リボンの大きさに合うようフォントサイズなども調整します。ここでは「1」と入力し、［フォント：Braisetto Regular］［フォントサイズ：50pt］に設定します。

［フォント：Braisetto Regular］
［フォントサイズ：50pt］

FINISH!

✅ 日付の始まる位置を変えるには？

毎月1日を正しい曜日の位置にするには、［文字ツール］ で、日付の「1」の前にカーソルを移動し、enter を1回押します。「1」が次のボックス（月曜日）に移動します。ずらしたい数だけ enter を押せば、「1」の位置を変えられます。

PART 1 | 作りたい！からはじめるIllustrator

03 地図を作る

さまざまなツールを駆使して、シンプルでオシャレな地図を作りましょう！

7-03p.jpg 練習データ 　7-03.ai 参考データ

STEP 1　レイヤーを分ける

1　レイヤーを増やす

レイヤーを分けてオブジェクトを配置すると、作業がやりやすくなるので、事前に準備しておきます。

［表示］メニュー→［レイヤー］をクリックし、［レイヤー］パネルを表示します。右下の［新規レイヤーを作成］アイコンを3回クリックして、「レイヤー2」を4つ作成します。

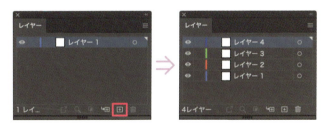

2　レイヤー名を変更する

「レイヤー1」をダブルクリックすると、レイヤー名を入力できる状態になります。上から順に「文字」「道路」「トレース」「背景」と入力します。

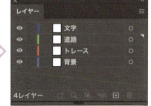

ダブルクリックでレイヤー名を入力。

CHAPTER 07 | 図形と文字でデザインする

STEP 2 地図から道をトレースする

1 レイヤーに画像を配置する

［レイヤー］パネルの「トレース」レイヤーをクリックし、［ファイル］メニュー→［配置...］をクリックします。練習用データ（7-03p.jpg）を選び、［配置］をクリックし、アートボード上をクリックして画像を配置します。

2 レイヤーをロックする

［レイヤー］パネルの「トレース」レイヤーの左側の空欄をクリックします。鍵のマークが表示され、レイヤーにロックがかかります。これで、「トレース」レイヤー内のオブジェクトを動かすことができなくなります。

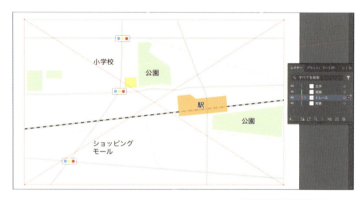

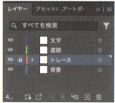

3 ［ペンツール］を設定する

ツールバー→［ペンツール］ に切り替え、ツールバー下部から［塗り］を［なし］に、［線］を［黒］（または任意の色）に設定します。
［レイヤー］パネルで「道路」レイヤーをクリックし、レイヤーを切り替えておきます。

> ✓ ［ペンツール］で線を描く
>
> ［ペンツール］ で2点（道路の端と端になる位置）をクリックすると、その間に直線を引けます。線を引き終えたら、 command （ Ctrl ）を押しながら、画面上の何もない箇所をクリックして、描画を終了します。これを繰り返し地図上の道路を描きます。

PART 1

作りたい！からはじめるIllustrator

4　太い道路を描く

ウィンドウ上部の［コントロール］パネルから［線：2.5mm］に設定し、太い道路を描きます。カーブやガタガタした道は、少しデフォルメして直線で表現するときれいに仕上がります。

5　細い道路を描く

［コントロール］パネルから［線：0.7mm］に設定し、細い道路を描きます。ここでは細かいカーブなども直線で表現します。

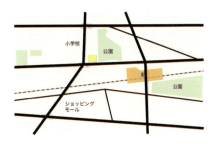

6　線を白にする

ツールバー→［選択ツール］に切り替え、描いた線全体を囲むようにドラッグして選択します。
ツールバー下部の［線］アイコンをダブルクリックし、［カラーピッカー］でカラーコード［#FFFFFF］を指定します。
右クリック→［グループ］をクリックして、複数の線を1つにまとめておきます。

STEP 3　線路を描く

1　直線を描く

ツールバー→［直線ツール］に切り替え、地図上の線路の位置に合わせて線を引きます。

CHAPTER 07

— 155 —

2 ［アピアランス］を設定する

［ウィンドウ］メニュー→［アピアランス］をクリックし、［アピアランス］パネルを表示します。パネル左下の［新規線を追加］をクリックし、［線］を1つ増やします。
下の階層の［線］をクリックし、［線：1.7 mm］に設定します。 Shift キーを押しながら、カラーアイコンをクリックし、表示された［カラー］パネルで、カラーコード［#43bbbe］（緑）を入力します。

［新規線を追加］をクリック。

［#43bbbe］を入力。

3 線種を変更する

［アピアランス］パネル上で、上の階層の［線］の文字をクリックし、［線］パネルを表示します。［破線］にチェックを入れ、一番左の［線分］を［3.5mm］、他の項目は［0mm］にします。
色のついた太い線と、細い点線を重ねたことで、線路を表現することができます。

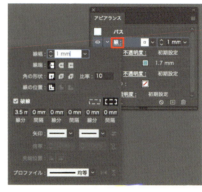
［線］の文字をクリック。

STEP 4　主要な建物を作る

1 目印になる建物をマークする

ツールバー→［長方形ツール］を長押しし、［楕円形ツール］に切り替えます。ツールバー下部の［塗り］アイコンをダブルクリックし、表示される［カラーピッカー］ダイアログで、カラーコード［#43bbbe］（緑）を入力します。［線］は［なし］に設定します。
［楕円形ツール］で、 shift を押しながらドラッグして、直径3mmの正円を描きます。
ツールバー→［選択ツール］に切り替え、正円をクリックして選択し、 option （ Ctrl ）を押したまま動かして複製します。ここでは「小学校」「公園」「ショッピングモール」と目的地をマークします。

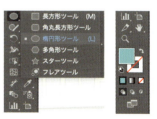

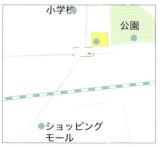

— 156 —

PART 1

作りたい！からはじめるIllustrator

2　駅舎を作る

ツールバー→［長方形ツール］ に切り替え、駅の長方形を描きます。四隅に表示されている白い四角（ハンドル）の外側にカーソルを近づけ、カーソル表示が に変わったら、ドラッグして角度を変えます。

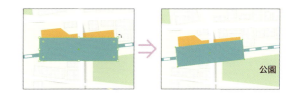

3　目的地のアイコンを作る

ツールバー→［楕円形ツール］ で楕円形を描きます。［ペンツール］を長押しし、表示された［アンカーポイントツール］ に切り替え、楕円の一番下の青い点（アンカーポイント）をクリックすると、頂点が鋭くなります。
ツールバー→［ダイレクト選択ツール］ に切り替え、アンカーポイントを選択し、↓を数回押してバルーン形に整えます。

4　バルーンアイコンを配置する

ツールバー→［楕円形ツール］ に切り替え、バルーンの中央に一回り小さい円を描きます。
ツールバー→［選択ツール］ に切り替え、バルーンを選択し、［カラーピッカー］または［スウォッチ］で、カラーコード［#ffea00］（黄）に色変更します。
バルーンアイコンは目的地の近くに移動します。

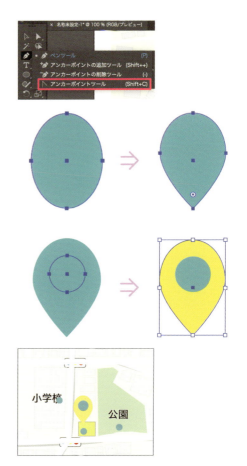

5　施設名を入力する

［レイヤー］パネルから「文字」レイヤーに切り替え、ツールバー→［文字ツール］ に切り替えます。
［ウィンドウ］メニュー→［書式］→［文字］をクリックし、［文字］パネルを表示します。入力位置をクリックし、「school」「park」「shopping center」「station」と入力します。

CHAPTER 07

— 157 —

CHAPTER 07 | 図形と文字でデザインする

6 書式を設定する

ツールバー→［選択ツール］ に切り替え、[shift]を押しながら文字列をすべてクリックし選択します。
［文字］パネルから、［フォント：DIN 2014］（Adobe Fontsで入手可）［フォントスタイル：Demi］［フォントサイズ：22pt］［行送り：22pt］［トラッキング：100］に設定します。
文字色は、ツールバー下部の［塗り］アイコンをダブルクリックし、［カラーピッカー］ダイアログでカラーコード［#FFFFFF］（白）を入力して変更します。

7 文字列の位置を調整する

［選択ツール］ で文字列を選択してドラッグし、それぞれのアイコンの近くに配置します。
「station」は、緑の四角の角度に合わせて、角度を調整します。文字列選択時に四隅に表示される四角いハンドルの外側にカーソルを合わせ、カーソルを動かして角度を変更します。

STEP 5 背景を入れる

1 ［長方形ツール］で背景を描く

［レイヤー］パネルから「背景」レイヤーに切り替えます。
ツールバー→［長方形ツール］ に切り替え、ツールバー下部の［塗り］アイコンをダブルクリックします。表示される［カラーピッカー］ダイアログでカラーコード［#99cccc］を入力し、地図画像のサイズと同じ大きさの長方形を描きます。
この段階では、上のレイヤーに画像があるため、描いたオブジェクトが見えません。

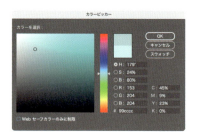

2 背景を表示する

［レイヤー］パネルで、「トレース」レイヤーの表示アイコン（目のアイコン）をクリックします。アイコンが消えると、「トレース」レイヤーが非表示になり、背景が表示されます。
オブジェクトや文字列の位置は、［選択ツール］ などで微調整しましょう。

FINISH!

— 158 —

\\ 困ったときは
ここをチェック！ /

Illustrator
基本ガイド

ここからは、PART1で使用したツールや、
関連する機能を、より詳しく紹介します。
今まで使ったツールはほかにどんなことができるのか、
確認したいときに使いましょう。

01 | 基本操作

☑ アートボードを編集する

アートボードのサイズを変更する

一度作ったアートボードの大きさを変えるには、ツールバー→［アートボードツール］ に切り替え、アートボードをクリックして選択します。次に、［ウィンドウ］メニュー→［プロパティ］パネルなどで、アートボードの幅（W）と高さ（H）のサイズを変更します。

アートボードのサイズを変更する

別のアートボードを作成するには、［アートボードツール］で、カンバスの何もないスペースにドラッグします。ドラッグした範囲がアートボードになります。
すでにあるアートボードを元にする場合は、［アートボードツール］でアートボードをクリックし、アートボードを選択してから、command + C / command + V でコピー＆ペーストを行うと、中身のオブジェクトごとアートボードを複製できます。

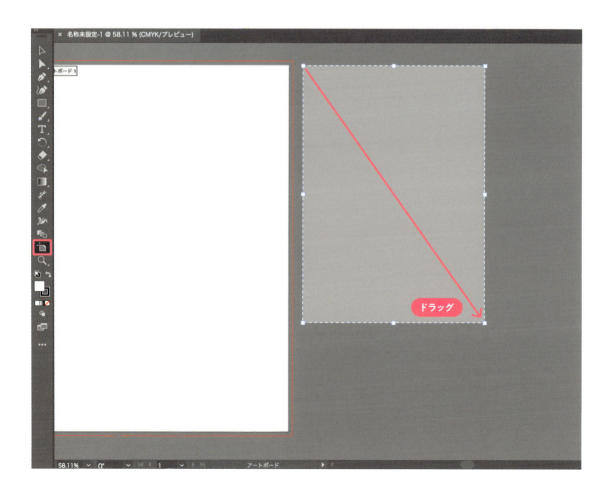

アートボードを並び替える

アートボードを並び替えるには、[ウィンドウ] メニュー→ [アートボード] パネルを利用します。[アートボード] パネルの左下の [アートボードを再配置] ボタンを押すと、複数のアートボードを縦あるいは横などに整列できます。

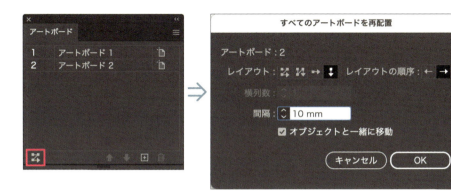

アートボードは、作成した順番がPDF出力時のページ順に影響します。ところが実際のデザインの作業においては、作業順と内容の順序が一致しないこともよくあります。こういった場合は [アートボード] パネルに表示されている順番をドラッグ操作で入れ替えるか、パネル下部にある矢印アイコンをクリックして順序を変更します。
このときドキュメントの見た目には一見変化はありませんが、先程紹介した [アートボードを再配置] を実行すると、指定した順序通りの配置に変化します。

ドキュメント全体のカラーモード

ドキュメントを新しく作成するときには、印刷（主にCMYK）や、ウェブサイトでの利用（RGB）など用途に合わせて適切なカラーモードを選ぶ必要があります。ドキュメントのカラーモードは、画面左上のファイル名の横に表示されています。

ドキュメントのカラーモードを変更する

誤ったカラーモードを設定した場合は、ドキュメント全体のカラーモードを変更する必要があります。[ファイル] メニュー→ [ドキュメントのカラーモード] → [RGB／CMYK] をクリックします。

カラーモード

● **RGBカラー**

光の三原色であるR（レッド）、G（グリーン）、B（ブルー）でデータを表現するカラーモード。色を混ぜるほど白に近づく「加法混色」。Webやモニターで使用される。

● **CMYKカラー**

色の三原色C（シアン）、M（マゼンタ）、Y（イエロー）、とK（黒/スミ）でデータを表現するカラーモード。色を混ぜるほど黒に近づく「減法混色」。印刷物で使用される。

CMYKはRGBと比べて色の種類が少ないので、モニタ向けには充分に色を表現できず、相対的に見て色がくすんで見えることもあります。逆にRGBで印刷用のデータを作ってしまうと、黒などの色の濃い部分で適正なインキ量の合計値を超えてしまい、トラブルの原因になってしまうことがあります。一般的には4色の合計値は350%程度が適正値の上限と言われているので、ドキュメントをCMYKのカラーモードに変更した後は［カラー］パネルをCMYKに切り替えた上で、CMYKの%の合計値を確認する習慣をつけておくと良いでしょう。

ほかにもよくある例としては、たとえば、SNS用途で利用するために素材のサイトから購入したAI形式のファイルがCMYKだった、といったケースは実務でしばしば起こります。この場合は、素材を編集する前にカラーモードをRGBに変更してから、色の変更などの編集を加えるとよいでしょう。ただし、CMYK→RGBの変換で、くすんだ色が明るくなることはありません。

RGBデータで表現できる色のイメージ。　　　　　　CMYKデータで表現できる色のイメージ。

☑ 他のファイル形式に書き出す

クラウドドキュメントへの保存とコンピュータへの保存

Illustratorのデータを初めて保存する時には、クラウドドキュメントとしての保存を促すダイアログが表示されます。

クラウドドキュメントは、ファイルの実体がコンピュータ上に保存されないため、初心者のうちは理解や管理が難しいかもしれません。はじめての方は［コンピューターに保存］を指定するのがおすすめです。もちろん、良い点も多い機能なので、クラウドドキュメントの特性を理解した上で［Creative Cloudに保存］を選ぶのも良いでしょう。

　［コンピューターに保存］を指定するとAIドキュメントとしてファイルが保存されますが、ほかにもウェブ制作などに用いるJPEGやPNG、SVG形式への保存や、指定したオブジェクトごとにデータを書き出したり、印刷用にPDFで保存したりすることもできます。

01 | 基本操作

①［別名で保存］

［ファイル］メニュー→［別名で保存］は、現在開いているファイルを、別の名前や別の場所に保存したいときに使用します。たとえば、元データを残したまま、別バージョンのファイルを作成するときなどに使います。ほかにも、PDFやSVG形式への変換ができます。

②［アセットの書き出し］パネル

アセットとはデザインに関するパーツや素材のことです。［ウィンドウ］メニュー→［アセットの書き出し］パネルを使用すると、選択したオブジェクトだけをJPGやPNG、SVG形式、WebP形式として書き出せます。たとえばウェブサイト向けにデータの一部のみを書き出したい場合などに使用します。

［アセットで書き出し］パネルへの登録
1. 書き出したいオブジェクトを選択してパネルへドラッグする
2. アセット名（アセット1など）をダブルクリックして名称をつける

基本的に1オブジェクト＝1アセットとして登録されます。複数のオブジェクトで成り立っているイラストやロゴなどを登録する場合は、あらかじめグループ化してからドラッグするか、対象のオブジェクトをすべて選択し、[option]を押しながらドラッグ操作をおこないます。

登録したオブジェクトの書き出し
1. ［アセットの書き出し］パネル→［書き出し設定］から、ファイルの形式を指定する（PNG, SVG, JPG, GIFなど）
2. ［書き出し］ボタンをクリックし、保存場所を指定して書き出す

ウェブ制作では高解像度モニタに対応した画質を求める際に、元のサイズに対して2倍や3倍といったサイズで画像を書き出すことがあります。「1X」は1倍（等倍）の意味です。必要があれば任意の数字を入力します。

③［スクリーン用に書き出し…］

［ファイル］メニュー→［書き出し］→［スクリーン用に書き出し…］は、アートボード単位もしくは［アセットで書き出し］で指定したアセット単位で、さまざまなファイル形式に対応して一括で書き出しができます。

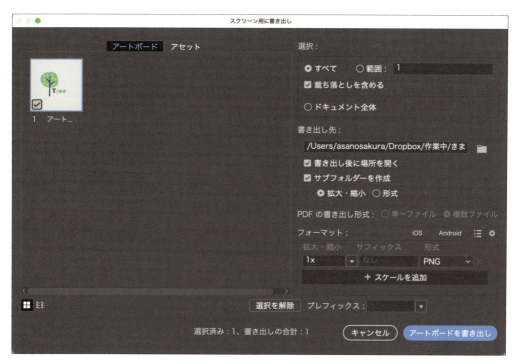

④［書き出し形式...］

［ファイル］メニュー→［書き出し］→［書き出し形式...］では、PNG、JPEGのほかにも、TIFFやWebPなど、用途に合わせて幅広い書き出し形式を選べます。アートボードが複数ある場合は、アートボードを指定しての書き出しもできます。たとえばPDFをアートボードの枚数分バラバラに書き出したいときなどに使用します。

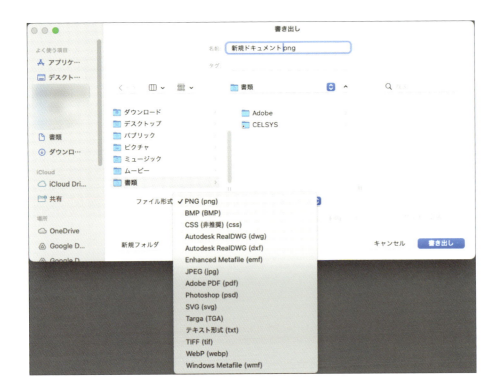

☑ 操作の取消やデータの復元

「しまった！」と思ったときには、すぐに Command + Z で取り消しが可能です。焦らずに落ち着いて作業をやり直しましょう。ほかにも作業のやり直しや、作業を取り消す方法を紹介します。

［ヒストリー］パネル

［ウィンドウ］メニュー→［ヒストリー］パネルは、作業の履歴を保存しておくパネルです。Command + Z はキーを押した回数分戻るものですが、ヒストリーパネルの場合は、作業の項目を指定して作業をやり直せます。ただし、一度保存して再度AIデータを開くと、保存前の作業内容についての記録は破棄されてしまうので、注意が必要です。

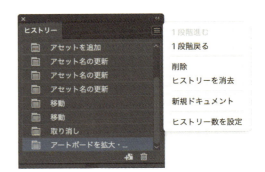

自動保存と［バージョン履歴］パネル

クラウドドキュメント（AIC）形式でデータを作成・保存すると、従来の［保存］と並行して、5分おきに自動保存が行われます。
こうした保存内容は［バージョン履歴］パネルから確認できます。［ヒストリー］と異なり、［バージョン履歴］は一度データを閉じても過去の履歴が自動的に30日間保管されます。
30日以上残しておきたい場合は、はじめに、… アイコンをクリックしてバージョンに名前を付けるか、 ［バージョンをマーク］アイコンをクリックしてバージョンを保存します。
こうしてユーザ自身が保存したバージョンは、もう一度 をクリックしてバージョンを削除するか、そのAICドキュメントを消さない限りは過去のバージョンとして保管され続けます。

［復元］について

作業中にIllustratorが突然クラッシュしてしまった（落ちてしまった）場合や、PC側の不調で強制的に終了・再起動した場合、手動で保存しそびれてしまったデータはIllustratorを再起動すると［復元］という形で直前のデータが自動的に開きます。
復元されたデータに問題がなければ、たとえばこの画像の「書き出し-復元.ai」を［ファイル］メニュー→［保存］で「書き出し.ai」として上書き保存してから作業を再開しましょう。

02 | オブジェクトの移動と変形

☑ オブジェクトの基本操作

ツールバー→［選択ツール］でオブジェクトを選択し、ドラッグして動かしたり、コーナーをドラッグしてサイズを変えたりといった基本の操作は非常に重要です。慣れるまで繰り返し動かしてみましょう。

移動の基本

［選択ツール］か［ダイレクト選択ツール］でオブジェクトをクリックしてドラッグすると、オブジェクト全体を移動できます。オブジェクトをクリックして shift を押しながらドラッグすると、水平・垂直・斜め45°に固定して移動できます。

方向キーによる移動

オブジェクトをクリックして、方向キーの上下左右でも移動ができます。微細な移動に便利です。この数値は1pxが基本ですが、［環境設定］→［一般］→［キー入力］で値や単位を調整できます。また、 shift +方向キーで、設定された数値の10倍の値での移動が可能です。

数値を入力しての移動

［変形］パネルや［プロパティ］パネルの［X］［Y］は座標を表しています。この座標に数値を入力することで移動ができます。入力欄では四則演算が使えるので、たとえば［X］に対して、元の数値に＋10mmと追加すると、右方向に10mm移動できます。このとき、パネルの左側に表示されている座標の位置が中央だと、「アートボードの端から5mm」といったような、相対的な位置の管理が難しいこともあります。

こういったときは、まずパネルに表示されているのアイコンを確認します。アイコン上の白い四角形が中央にある場合、座標を計算するための基準位置が中央であることを示しています。アイコンの左上をクリックして、座標を左上にしてから数値を入力すると便利です。

右の例では、左上を原点として0,0とすることで、画像をアートボードの角にぴったりと揃えています。

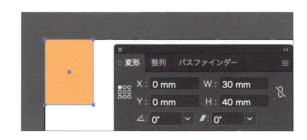

回転・リフレクト・シアーによる変形

角度をつける［回転］、反転させる［リフレクト］、傾斜させる［シアー］は、オブジェクトを変形させるための重要なツールです。3つのツールの使い方を簡単に紹介します。

［回転ツール］

① ［選択ツール］等で、回転したいオブジェクトを選択します。
② ツールバー→［回転ツール］に切り替えます。
③ アートボード上で、回転の中心となるアンカーポイントをクリックします。（特に指定しない場合は、オブジェクトの中心が基準点になります）
④ カーソルをドラッグしてオブジェクトを回転させます。

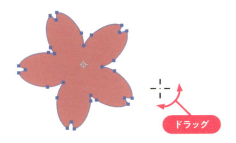

shiftを押しながらドラッグすると、一定の角度（45°刻み）でオブジェクトを回転できます。［回転ツール］をダブルクリックで選択し、表示されるダイアログに角度を入力すれば、正確な回転ができます。

02 | オブジェクトの移動と変形

［リフレクトツール］

1. ［選択ツール］ で、反転したいオブジェクトを選択します。
2. ツールバー→［リフレクトツール］ に切り替えます。
3. カーソルをドラッグして、オブジェクトを反転させます。

［リフレクトツール］をダブルクリックで選択し、表示されるダイアログでの反転も可能です。

［シアーツール］

1. ［選択ツール］ 等で、斜めにしたいオブジェクトを選択します。
2. ツールバー→［シアーツール］ に切り替えます。
3. アートボード上で基準となるポイントをクリックします。（特に指定しない場合は、オブジェクトの中心が基準点になります）
4. オブジェクトを左右にドラッグして傾斜させます。

shift を押しながらドラッグすると、特定の方向に固定した傾斜が可能です。正確な数値による傾斜を行いたい場合は、ダブルクリックでシアーツールを選択すると、ダイアログが表示されるので、傾斜角度や方向（水平・垂直）を入力して［OK］をクリックします。

☑ グループ化と解除

関連するオブジェクトはグループ化しておくと、一括で移動・変形が可能になります。また、必要に応じて編集や解除も簡単です。

［オブジェクト］メニュー→［グループ］

複数のオブジェクトをまとめてひとつのオブジェクトとして扱いたいときは、対象のオブジェクトを選択した状態で［グループ化］をおこないます。グループ化は［オブジェクト］メニューのほか、［プロパティ］パネルやショートカットキー、右クリックによるコンテキストメニューから可能です。グループを解除するときは、［オブジェクト］メニュー→［グループ解除］をクリックします。

ダブルクリックして［グループ編集モード］で編集する

グループ化されたオブジェクトは、そのままでは色などを個別に変更できません。グループ化しているオブジェクトを［選択ツール］　でダブルクリックすると、［グループ編集モード］に切り替わります。［グループ編集モード］になっている間は、他のオブジェクトは半透明の表示になり、触ることができない代わりに、グループ化されたオブジェクトを別々に選択できるようになります。［グループ編集モード］を終了するには、何もない箇所をダブルクリックするか、esc を押してグループ編集モードを解除します。

［グループ編集］モードでは、カンバス上部に＜グループ＞と表示される。グループの中のグループを編集する際など、階層を確認したい場合に便利。また、一番左側の「レイヤー1」をクリックしても編集モードを解除できる。

クリッピングマスクの使用

クリッピングマスクを使うと、指定した形状の中だけにアートワークを表示できます。写真やイラストを特定の形に切り抜くような感覚で、作品にアクセントを加えられます。

［クリッピングマスク］の作り方

1. ［ファイル］メニュー→［配置...］でJPGなどの画像を配置します。
2. ツールバー→［長方形ツール］で長方形を作り、画像の上に配置します。
3. 両方を選択して［オブジェクト］メニュー→［クリッピングマスク］→［作成］をクリックします。

作成したクリッピングマスクを編集する場合は、クリッピングマスクのオブジェクトを、［選択ツール］でダブルクリックして、編集モードに切り替えます。

その後、もう一度編集したいオブジェクト（マスク対象の画像側、あるいは長方形などのマスク側）をクリックします。編集が完了したら、をダブルクリックするか、[esc]で編集モードを解除します。

クリッピングマスクはよく使う機能なので、ショートカットを覚えておくのが便利です。

クリッピングマスクのショートカット

クリッピングマスクの作成：[command]（[Ctrl]）+ [7]
クリッピングマスクの解除：[command]（[Ctrl]）+ [option]（[Alt]）+ [7]

☑ オブジェクトの整列と分布

特にデザインやレイアウトでは、整列機能が必須です。［整列］パネルを使うことで、水平・垂直方向にぴたりと揃えられたり、間隔を均等に配置できます。

［整列］パネル

［ウィンドウ］メニュー→［整列］パネルは、選択したオブジェクト同士をきれいに並べたり、等間隔に配置したりするときに役立つ機能です。このパネルを使えば、手作業でオブジェクトを動かして微調整しなくても、ボタンひとつで正確な位置合わせができるため、時間短縮や見た目の向上につながります。

水平・垂直方向の［整列］

たとえば、4つのオブジェクトの底を揃えて並べたいときは、オブジェクトをすべてを選択したうえで、［整列］パネルの［垂直方向下に整列］ボタンをクリックするだけで揃えることが可能です。同じように［水平方向中央に整列］ボタンをクリックすれば、オブジェクトを上下方向に揃えることができます。

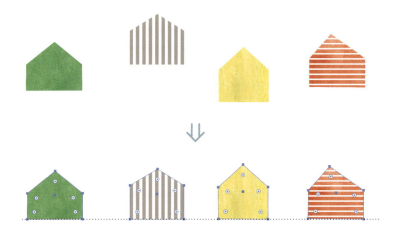

［垂直方向下に整列］を実行。

選択範囲・キーオブジェクトへの［整列］

［整列］パネルでオブジェクトを並べるとき、整列の基準をどのように決めるかがポイントです。オブジェクトの位置関係は、
● 選択したすべてのオブジェクトを対象にして相対的に整列する方法
● キーオブジェクト（整列の基準となる特定のオブジェクト）を指定して整列する方法
● アートボード全体を基準に整列する方法
の3つから選べます。特に便利なのが、［キーオブジェクト］への整列です。キーオブジェクトとは、他のオブジェクトを揃えるための基準点となるオブジェクトのことです。

02 | オブジェクトの移動と変形

キーオブジェクトの[整列]の操作

① ツールバー→[選択ツール] などで、複数のオブジェクトを選択します。
② [整列]パネルの[キーオブジェクトに整列]ボタンを選択します。
③ 基準にしたいオブジェクトをクリックすると、そのオブジェクトが太枠で示され、キーオブジェクトとして認識されます。
④ 整列ボタンをクリックすれば、キーオブジェクトを起点にした配置ができます。

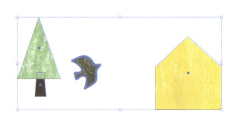
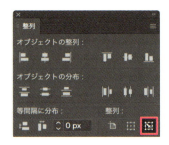

たとえばこの例では、鳥のイラストをキーオブジェクトにして、他のオブジェクトの位置を下揃えにしています。木と家の位置が変化していることがわかります。

[整列]パネルの[オブジェクトの分布]と[等間隔に分布]

[ウィンドウ]メニュー→[整列]パネルの[分布]を使うと、選択したオブジェクトをそれぞれの中心点を基準に均等に並べることができます。しかし、この方法ではオブジェクトが異なる大きさの場合、間にできる余白がバラついてしまい、見た目が揃わないことがあります。

[等間隔に分布]を使うと、オブジェクト間の余白を一定に保ったまま配置できます。大きさの異なるオブジェクトを均等に並べたいときは、[等間隔に分布]を利用することで、美しく整ったレイアウトを実現できます。

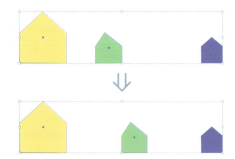

[水平方向等間隔に分布]を実行。

☑ ［パス上オブジェクトツール］による配置

ツールバー→［パス上オブジェクトツール］ を使えば、オブジェクトを指定のパスに沿って並べることができます。自由な曲線に沿った配置ができるので、アイディア次第で面白い効果を生み出せます。（［パス上オブジェクトツール］はIllustrator2025からの機能です）

［パス上オブジェクトツール］の使い方

あらかじめ、パスとオブジェクトを用意しておきます（線の色は［なし］でかまいません）。オブジェクトは複数用意しておくのがオススメです。

① ツールバー→［選択ツール］ などで、葉っぱのオブジェクトをすべて選択してから、ツールバー→［パス上オブジェクトツール］ に切り替えます。

② 線のパスを選択すると葉っぱがパスに整列して、パス上オブジェクトグループが作成されます。

グループやクリッピングマスクと同じように、［選択ツール］ でダブルクリックすると編集モードに遷移します。たとえばこの図ではパスを示すために［線］の色を入れていますが、ダブルクリックして編集モードに遷移し、あとから線を［なし］にしています。

03 | オブジェクトの複製

☑ ［コピー］＆［ペースト］

Illustratorで最も基本的な複製方法が［コピー］＆［ペースト］です。オブジェクトを選択して、コピー＆ペーストを実行します。メニューや右クリックからの実行も可能ですが、Command＋C、Vによるショートカットを使用するのが一般的です。

Illustratorの場合、通常のペーストの位置は、現在表示されている画面の中心位置になります。そのため、多くの場合はペースト後に改めて位置を整える必要があります。

［編集］メニュー→［前面にペースト／背面にペースト］

複製したオブジェクトを、元のオブジェクトと同じ位置の前面、もしくは背面に貼り付けることも可能です。この方法を用いると、元のオブジェクトとペーストしたオブジェクトが完全に重なるため、レイアウトの正確さの助けになる一方で、見た目でオブジェクトが重なっているかどうかが分かりづらいので、作業のテンポや慣れが必要な作業です。

レイヤーの構造を維持してペーストする

コピーしたペースト先が別のドキュメントの場合、［レイヤー］パネルのパネルメニューを開いて、［コピー元のレイヤーにペースト］を入れると、レイヤー名や構造をそのまま別のドキュメントへ引き継ぐことができます。たとえばこの例（元のドキュメント）では、選択中の「logo」というレイヤーのオブジェクトと名称がそのままペースト先のレイヤーパネルに移されます。

［シンボル］パネルによる複製

同じアイコンやモチーフを何度も配置したいときは、シンボル機能を使うと便利です。コピー＆ペーストの場合、コピー元とペースト元は、「同一の見た目の別のオブジェクト」なので、個別に形状を変更できます。一方で、［シンボル］による複製は、ひとつの見た目を変えるとすべてが変わるという性質を持つのが特徴です。

［シンボル］の登録と編集

［ウィンドウ］メニュー→［シンボル］をクリックし、［シンボル］パネルを表示しておきます。

❶ ツールバー→［選択ツール］ に切り替え、オブジェクトを選択し、［シンボル］パネルにドラッグするか、［シンボル］パネル右下の［新規シンボル］ボタンをクリックすると、そのオブジェクトがシンボルとして登録されます。

03 | オブジェクトの複製

❷ [シンボル] パネルからドラッグ＆ドロップで、同じシンボルをアートボード上に複数配置します。このドラッグ＆ドロップした複製を [(シンボル) インスタンス] と呼びます。

❸ 配置されたシンボルのうちひとつを、[選択ツール] でダブルクリックすると、シンボルの [編集モード] になります。

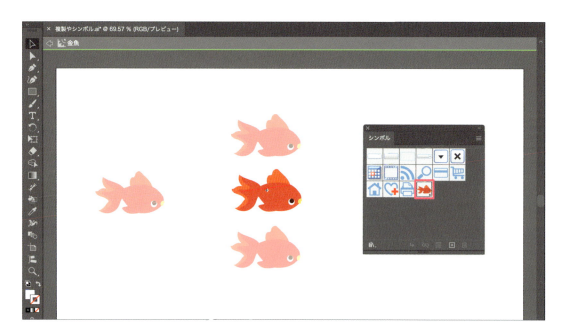

❹ 配置されたオブジェクトは、[編集モード] で個別に色の変更などが可能です。編集を終えたら、何もない箇所をダブルクリックするか、esc で [編集モード] を解除します。

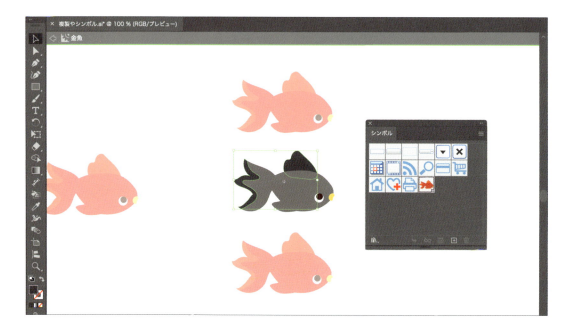

❺ 配置されたシンボルがすべて最新のものになりました。

シンボルは複数のオブジェクトを一括で差し替えたい場合に便利です。形が決まっているロゴやアイコンなどが連続して出てくるデザインを扱う場合に使用するのがおすすめです。

［CCライブラリ］を使った素材の管理

［CCライブラリ］パネルを開いて「新規ライブラリ」を作成して素材をドラッグ＆ドロップすると、「画像」としてベクターデータを登録できます。登録したデータはドラッグ＆ドロップでIllustratorの別のドキュメントにも利用できるほか、Photoshopなどの他のAdobeアプリにも［CCライブラリ］パネルを使って素材を流用できます。

04 | パスファインダー

☑ ［パスファインダー］の基本

［パスファインダー］は、2つ以上のオブジェクトを合体したり、重なった部分を切り抜いたりする操作を簡単に行える機能です。
パネルは［ウィンドウ］メニュー→［パスファインダー］をクリックで開くことができます。

主要な機能はおおまかに［形状モード］と［パスファインダー］に分かれており、これらを組み合わせることで、多彩な形状を短時間で作ることができます。

基本的な流れは、複数のオブジェクトを選択してパスファインダーパネルで［合体］や［切り抜き］などのボタンをクリックするだけです。これだけで、既存のパスから新たなアウトラインを作り出せます。

☑ 形状モードとパスファインダーの違い

［パスファインダー］パネルには［形状モード］と［パスファインダー］と呼ばれる2種類のグループがあります。形状モードは［合体・切り抜き］の大まかな操作、パスファインダーは［分割・整理］の細かな処理と考えるとわかりやすいでしょう。

形状モード

シェイプ同士を合体、切り抜き、交差させるなど、比較的わかりやすい操作です。たとえば、丸と四角を合体させて新しい形にしたり、一部をくり抜いて特殊な形を作ったりするのに向いています。

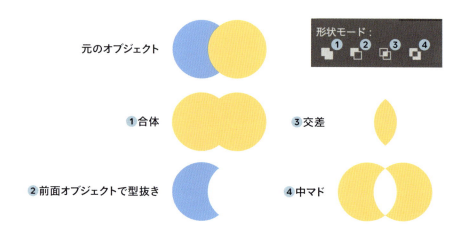

パスファインダー

形状モードよりもより複雑な処理が可能です。
実行後の違いがわかりにくいものもあるので、
グループを解除して分解した例を示します。

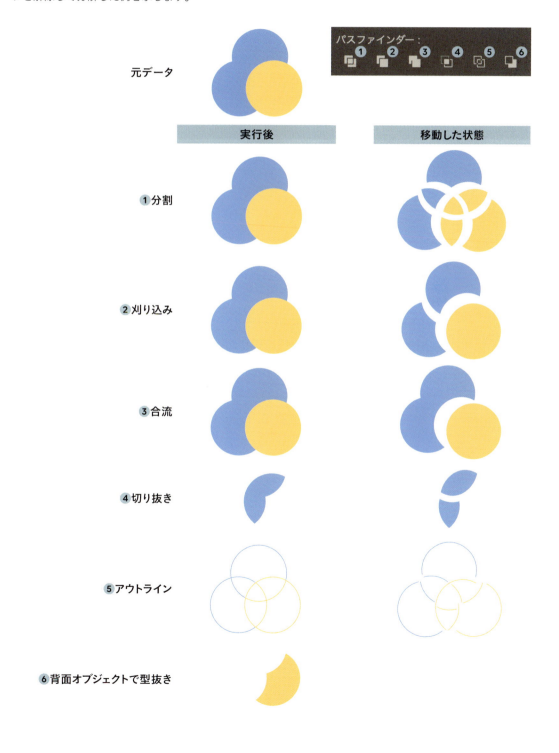

04 | パスファインダー

☑ ［複合シェイプ］と［複合パス］

パスファインダーを扱うときや、アウトライン化された複雑な文字などのオブジェクトを扱うときに［複合シェイプ］や［複合パス］という用語に触れることがあります。少々紛らわしいため、ここで両者を簡単に解説しておきます。

［複合シェイプ］

［複合シェイプ］は、パスファインダー（形状モード）を使って複数のオブジェクトを再編集可能な状態で組み合わせたものです。形状モードのボタンを option を押しながら押すことで［複合シェイプ］になります。

複合シェイプになっているオブジェクトは、グループ化されたオブジェクトなどと同じように、［選択ツール］でダブルクリックして、［編集モード］にすることで、位置や色などの変更ができるようになります。

オブジェクトを後から個別に選択・変更でき、デザインの試行錯誤がしやすいため、パスファインダー（形状モード）を使用するときには［複合シェイプ］を積極的に活用するのがおすすめです。

［複合パス］

［複合パス］は、パスファインダーの使用の有無と関係なく、複数のパス（オブジェクト）をひとつのパスとして扱えるようにしたものです。たとえばドーナツ状の中抜き形状を作るときに、外側の円と内側の円を選択して［複合パス］にすると、「穴の空いたひとつのパス」として認識されます。

複合パスをゼロから作成する場合は、重なり合う複数のオブジェクトを選択した後で［オブジェクト］メニュー→［複合パス］→［作成］を実行します。

作成後はひとつのパス扱いになり、編集は可能ですが、例えば、穴の位置だけを変えるなど、構成要素を個別に操作するには複合パスを一旦［解除］（［オブジェクト］メニュー→［複合パス］→［解除］）する必要があります。

たとえば、中心位置が同じ大小の円について、［複合シェイプ］を使用せずに（ option を押さずに）、［パスファインダー］パネルの［形状モード］の［前面オブジェクトで型抜き］を使用すると、この［複合パス］と同じ扱いになり、個別に編集することはできなくなります。
編集の必要がある場合は［オブジェクト］メニュー→［複合パス］→［解除］や、右クリック（ option ＋クリック）で表示されるメニューから、元の別々のオブジェクトに分解して編集を行います。

複合パスは、特にフォントをアウトライン化して個別に変形を加える際などに編集の必要が生じます。アウトライン化した文字の形を変える場合、まずは複合パスを解除したり、右クリック（ option ＋クリック）→［選択複合パス編集モード］で編集しましょう。

05 | 文字

☑ フォントと文字の基本

フォントとは、画面や印刷物に表示される文字の「書体デザイン」のことを指します。たとえば、同じ「A」という文字でも、フォントが違えば見た目の印象も大きく変わります。ここでは、フォントに関する基本的な用語と、Illustratorの［文字ツール］ **T** に関する操作を押さえておきましょう。

和文と欧文

日本語圏で文字を扱う場合、その文字の種類は大きく分けて「和文書体」と「欧文書体」に分類されます。

和文書体
日本語用のフォントで、ひらがな、カタカナ、漢字をサポートしています。

美しい書体とフォント　小塚ゴシック Pr6N

美しい書体とフォント　小塚明朝 Pr6N B

欧文書体
アルファベットや数字、記号を中心としたフォントです。

Beautiful lettering and fonts　Helvetica

Beautiful lettering and fonts　Times New Roman

和欧混植
アルファベットと日本語では文字の形や性質が異なるので、和文と欧文の書体を両方を同時に扱う場合は気を配るようにしましょう。これを和欧混植といいます。
混植をおこなう上では、たとえば和文書体よりも欧文書体のほうがやや小さく見える点や、欧文のハイフンが和文の中心位置から相対的に下がって見える点などに留意して、フォントサイズやベースラインなどの調整を加えるようにしましょう。
Illustratorでは、［合成フォント］という機能で、異なるフォント同士の混植を管理できます。

― 184 ―

PART 2

Illustrator基本ガイド

用途や印象でフォントを選ぶ

デザインの目的や雰囲気によって選ぶフォントが変わります。
本文用には読みやすい明朝体や、落ち着いたゴシック体、タイトルや見出しには太めのゴシック体で力強い印象を。ブランドイメージや個性を強調したいなら、装飾性のある欧文書体やオリジナルの和文フォント…など、デザインの目的や雰囲気によってフォントを使い分けるスキルが大切です。そこでまずはフォント（書体）の形状について主要なものを紹介します。

ゴシック体（サンセリフ体）
字画の終端に飾り（セリフ）がないシンプルな書体です。文字の太さがほぼ均一で、モダンでスッキリとした　印象があります。和文では「ゴシック体」、欧文では「サンセリフ（sans-serif）」と呼ばれています。

ヒラギノ角ゴシック

源ノ角ゴシック

Noto sans JP

Arial

明朝体（セリフ体）
字画の始まりや終わりに細い飾り（ひげ、セリフ）が付いており、縦画・横画で線幅のコントラストがある書体です。和文では「明朝体」、欧文では「セリフ（serif）」と呼ばれています。セリフの種類にもブラケットセリフ、ヘアラインセリフ、スラブセリフなどがあります。

ヒラギノ明朝

源ノ明朝

Times New Roman

Didot

05 | 文字

文字のウェイト

多くのフォントは、ひとつの書体であっても、さまざまな太さを持っています。同一の骨格を持つフォントを「フォントファミリー」その太さを「ウェイト」と呼びます。ウェイトが単一のフォントもあれば、ここで紹介するよりも、もっと多いウェイト数を誇るフォントもあります。
なお、Illustratorの［文字］パネルでは「ウェイト」を［スタイル］と表記しています。

源ノ角ゴシック ExtraLight
源ノ角ゴシック Light
源ノ角ゴシック Nomal
源ノ角ゴシック Regular
源ノ角ゴシック Medium
源ノ角ゴシック Bold
源ノ角ゴシック Heavy

Light/Thin（細いウェイト）
線が細く繊細な印象を与えます。上品で軽やかな雰囲気を出したいときに有効ですが、小さなサイズで使用すると読みづらくなる場合もあります。

Regular（標準的な太さのウェイト）
最も一般的で読みやすく、長文の本文用に適しています。どんなシーンでも使いやすい万能選手です。

Medium（中間的な太さのウェイト）
標準より少し太めで、タイトルや強調したい部分に使うと、適度な存在感を出せます。

Bold/Black（太いウェイト）
太く視認性が高いため、見出しや強調したい言葉に最適です。ただし、太すぎると行間（行送り）や文字間（アキ）を工夫しないと詰まって見える場合があるので、バランスに注意しましょう。

太さを柔軟に変更できる「バリアブルフォント」

近年はウェイトなどのスタイルをスライダー形式のUIでシームレスに変更できる「バリアブルフォント」も発表されています。

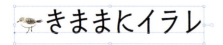
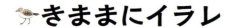

百千鳥VF（https://fonts.adobe.com/fonts/momochidori-variable）

Adobe Fontsでフォントを追加する

Illustratorは、「Adobe Fonts」と連携しており、多数のフォントをクラウドを通して利用できます。Adobe Fontsはアドビ社が提供するフォントサービスで、アクティベート（フォントの有効化）することで、Creative Cloudの各種アプリで使用することができます。
日本語フォントもあり、商用利用についてもクリエイターが使いやすい規約になっていますが、提供フォントの増減が不定期にあり、突然フォントが使えなくなることがあることに注意したうえで活用しましょう。

フォントをアクティベートして追加する

① ［書式］メニュー→［Adobe Fontsのその他のフォント…］をクリックします。
② 「Adobe Fonts」のウェブサイトへ遷移します（必要に応じて再度AdobeIDでログインする）。
③ フォントを見つけて［ファミリーを追加］もしくは［アクティベート（有効化）］ボタンをクリックする。

Illustratorを再度開くと、［書式］メニュー→［フォント］の一覧や、［文字］パネルから、追加したのフォントを確認できます。

05 | 文字

☑ 文字の入力① ［ポイント文字］

［ポイント文字］は、クリックした位置から横方向や縦方向に文字を入力していくシンプルな方法です。
タイトルや短い見出しなど、長い文章でない場合に便利です。

クリック操作での入力

① ツールバー→［文字ツール］ に切り替え、アートボード上をクリックします。
② すぐにカーソルが点滅するので、文字を入力します。
③ 文字数が増えると、テキストは一方向に伸びていくため、必要に応じて return で改行します。
④ 入力した文字をドラッグして、［ウィンドウ］メニュー→［文字］パネルでフォントの大きさなどを変更できます。

すべての文字を選択する場合は command + A を押します。選択した後で色の変更も可能です。

⑤ ツールバー→［選択ツール］に切り替えて、文字列の位置を調整します。

☑ 文字の入力② ［エリア内文字］

［エリア内文字］は、あらかじめ描いた四角や円などのシェイプ内部に文字を流し込みます。長い文章や複数段組みが必要な場合には、エリア内文字が使いやすくなります。
エリアは四角に限りません。星形や多角形、手描きのパスでもOKです。文字はそのパスの中に沿うように収まるため、遊び心のあるレイアウトが可能です。

ドラッグ操作での流し込み

① ツールバー→［文字ツール］ で、アートボード上をドラッグします。
② 四角形の枠ができたら、そのままテキストを入力していきます。

任意の形への流し込み

① ツールバー→［長方形ツール］ などで、テキストエリアとなる枠を作ります。
② ツールバー→［文字ツール］ に切り替え、枠内をクリックすると、枠内に文章を流し込める状態になります。

PART 2

Illustrator基本ガイド

文字ツールを終了する

文字の入力を終了するときは、次のうちのいずれかの操作をおこないます。
- ツールバーで［選択］ツールなど、別のツールに切り替える。
- [esc] を押す。
- [command]（[Ctrl]）+[return]（[Enter]）を押す。

これらの操作を実行すると、文字を入力するカーソルが点滅するの状態から、バウンディングボックスへ切り替わります。

入力方式の切り替え

［ポイント文字］と［エリア内文字］は、後から相互に切り替えが可能です。必要に応じて文字入力方式を切り替えることで、作業効率を上げることができます。
文字のバウンディングボックスの右端にある丸いアイコンをダブルクリックすると［ポイント文字］／［エリア内文字］が切り替わります。

ポイント文字とエリア内文字は、後から別のもう片方に変更できます。必要に応じて文字入力方式を切り替えることで、作業効率を上げることができます。
文字のバウンディングボックスの右端にある丸いアイコンをダブルクリックするとポイント文字／エリア内文字が切り替わります。

右端のアイコンが●のときは［ポイント文字］。

ポイント文字とエリア内文字は、後から別のもう片方に変更できます。必要に応じて文字入力方式を切り替えることで、作業効率を上げることができます。
文字のバウンディングボックスの右端にある丸いアイコンをダブルクリックするとポイント文字／エリア内文字が切り替わります。

右端のアイコンが○のときは［エリア内文字］。

文字のオーバーフローに注意

エリア内文字で長い文章を入れすぎると、枠内に収まりきらず「オーバーフローテキスト」が発生し、一部の文書が欠けてしまうアクシデントが発生します。文字がオーバーフローして溢れてしまっている場合、枠の右下に赤いプラス記号が表示されます。
オーバーフローテキストが生じたら、テキストエリアを拡大するか、一度赤いプラス記号をクリックし、別の長方形などのオブジェクトをクリックしてふたつをリンクさせて続きを表示しましょう。

ポイント文字とエリア内文字は、後から別のもう片方に変更できます。必要に応じて文字入力方式を切り替えることで、作業効率を上げることができます。

— 189 —

文字の入力③ [パス上文字ツール]

[パス上文字ツール] を使うと、あらかじめ描いたパス（曲線や円など）に沿って文字を配置できます。ロゴやアイキャッチなど、印象的な文字レイアウトが可能です。

パス上文字を打つ

1. ツールバー→ [ペンツール] などで、曲線状のパスを用意します。
2. ツールバー→ [文字ツール] を長押しして [パス上文字ツール] を選び、パス上をクリックします。

3. 入力した文字は、パスの形状に沿って流れます。

4. ツールバー→ [ダイレクト選択ツール] に切り替え、両端の縦のラインをドラッグ操作し、文字の位置を微調整します。

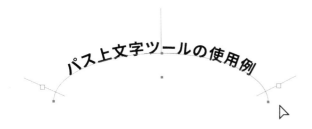

［文字］パネルと文字組みの専門用語

文字に関する用語のうち、Illustratorの［文字］パネルの操作をする上で必要な項目を紹介します。まずは［文字］パネルを見てみましょう。［文字］パネルの右上のパネルメニュー→［オプションを表示］をクリックすると、詳細な項目が表示されます。

1. フォントファミリを設定
2. フォントスタイルを設定
3. フォントサイズを設定
4. 行送りを設定
5. 垂直比率
6. 水平比率
7. 文字間のカーニングを設定
8. 選択した文字のトラッキングを設定
9. 文字ツメ
10. アキを挿入（左/上）
11. アキを挿入（右/下）
12. ベースラインシフト
13. 文字回転

ポイント（pt）
文字サイズを表す一般的な単位で、1ポイント＝1/72インチと定義されています（1インチ＝25.4mmで、1ポイント＝0.3528mm）。たとえば、一般的な本文用フォントは9〜12pt程度で、見出しには18〜20pt以上など、デザインの目的や媒体の特性に合わせて使い分けます。

行送り
行と行の間隔を調整することです。行同士が詰まりすぎていると読みにくく、広げすぎると散漫な印象になるため、適切な行送りの設定が重要です。Illustratorの「行送り」の数値は「フォントサイズのポイント＋行と行の余白のポイント」の合計値を入力する必要があります。
この合計値について、一般的には1.5〜1.7倍程度が読みやすいと言われています。たとえば12ptの文字の場合、行送りの数値として「12*1.6」と入力すると、19.2ptと変換されるので便利です。

カーニング
特定の文字同士の間隔を微調整することです。「A」と「V」など、文字の組み合わせによっては、標準の間隔だと不自然に見えることがあります。その場合、カーニングでほんの少し詰めたり広げたりして見た目を整えます。

トラッキング
選択範囲内の文字全体に対して、均一に文字間隔を広げたり詰めたりすることです。見出しを少しゆったりと見せたり、逆に引き締まった印象を与えたりできます。

ベースライン
欧文文字が並ぶときの基準となる横のラインです。［オプションを表示］でベースラインに関する項目にアクセスできます。

05 | 文字

［段落］パネル

特に［エリア内文字］を使用しているときの［段落］に関わる設定が可能です。たとえば ❶［1行目左インデント］では、先頭に1文字あける「字下げ」と呼ばれる処理を自動でおこなうことができ、全角スペースを使用せずに空白をあけることができます。
また ❷［段落前のアキ］を使うと、改行を使わずに段落の前の空きを設定できます。

行末をきれいにそろえる方法

Illustratorで文章をレイアウトするとき、行頭から行末まで文字列の幅が揃っていると、全体が整った印象になり、可読性が向上します。特に段落全体を均等に配置した上で、最終行だけは左揃えにする［均等配置（最終行左揃え）］の設定は、読みやすく美しい組版表現としてよく利用されます。
広告物のキャッチコピーや、説明文などを美しく仕上げるときに、ぜひ活用してみてください。

文字列を［左揃え］に設定。

文字列を「均等配置(最終行左揃え)」に設定。

禁則処理

禁則処理とは、文章を読みやすく組むための規則や調整のことです。具体的には、句読点・疑問符・括弧類などの「約物（やくもの）」が行頭や行末に来ないようにするなど、日本語組版における文字配置のルールを指します。この処理には、句読点を行末に残さず次行へ移す「追い出し」だけでなく、内側に納める「追い込み」やエリアの外にはみ出す「ぶら下がり」といった方法も存在します。

Illustratorでは、これらの禁則処理をサポートするために［強い禁則］と［弱い禁則］という2種類のオプションがあります。［強い禁則］は厳密に約物が行頭・行末にこないよう制御します。［弱い禁則］はやや緩やかな基準で禁則文字を扱い、自然な流れを保ちつつ組版の微調整ができます。

✅ 文字のアウトライン化

Illustratorで作成したテキストをフォント情報を持つ文字ではなく、パス（ベクター）に変換することを文字のアウトライン化と呼びます。

アウトライン化された文字は、フォントを持っていない環境でも表示崩れが起きず、自由に加工できるので、既成のフォントをベースとしたロゴ制作などで活躍します。

文字のアウトライン化は、テキストオブジェクトを選択して［書式］メニュー→［アウトラインを作成］で可能です。

アウトライン化のデメリット

アウトライン化した後は、フォントの文字情報が失われるため、後でフォントを変えたり、文字を修正する場合はやり直さなくてはいけません。

［Retype］パネルを表示してアウトライン済みの文字を選択すると、類似したフォントをAdobe Fontsの中から探すことができます。この機能を使う場合は、Adobe Fonts以外のフォントを特定することはできないことや、完全に同一である保証がないことに注意して利用しましょう。

✅ Illustrator2025でアップデートされた文字組みエンジン

2024年10月にリリースされたIllustrator 2025（ver.29）で、文字を組むための品質を決めるプログラムが新しくなりました。これにより、従来のバージョンと比較すると、エリア内文字の中央揃え時、上下中央揃えがより正確になったり、自動カーニングがエリアの外にはみ出ないようになったりと、文字を扱う機能の品質が向上しています。

一方で、文字組みを含んだ古いバージョンのAIデータを最新のIllustratorで開こうとすると、注意を促すダイアログが開きます。ダイアログの表示は元のAIデータのバージョンによって若干異なりますが、Illustrator CS〜2023（27.6）の場合、［OK］を押すと、テキストレイアウトが更新され、一部の文字が若干ズレて表示されることがあります。

このズレはピンク色でハイライトされますが、上書き保存する前に、どこが変化したかを確認しておくとよいでしょう。

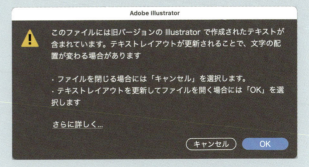

06 | ブラシ

☑ ブラシの種類

［ブラシ］パネルは、ベクターの線をさまざまな形で装飾することができます。ブラシの種類は次の5種類があります。

●**カリグラフィブラシ**：書道やペン書きのような表現ができます。

●**アートブラシ**：一筆書きのタッチや、手描き風のラインを表現します。

●**パターンブラシ**：パターン化したモチーフを繋いで線状に表現します。フレームや飾り線を作るときに便利です。

●**絵筆ブラシ**：絵の具や絵筆で描いたような質感を持たせられます。

●**散布ブラシ**：設定したオブジェクト（葉や星など）を散りばめるように配置できます。

［ブラシ］パネル上に表示されているブラシのサムネールダブルクリックで設定を変更できます。設定可能な項目はブラシの種類によって異なります。

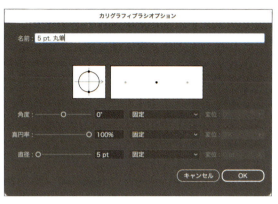

☑ ブラシの作成とカスタマイズ

自分で作ったイラストやモチーフをブラシとして登録すれば、オリジナルのブラシを使い回すことができます。ブラシ登録の方法を順を追って見ていきましょう。

❶ ブラシの元になるオブジェクトを用意し、ツールバー→［選択ツール］ などで選択しておきます。

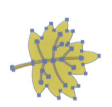
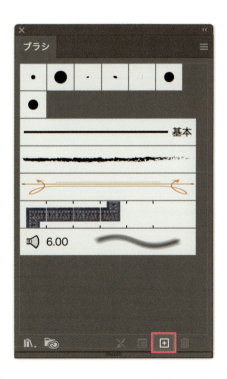

❷ ［ウィンドウ］メニュー→［ブラシ］パネルをクリックし、パネルを表示します。パネル右下の［新規ブラシ］ボタン（[+] アイコン）をクリックします。

06 | ブラシ

❸ [新規ブラシ] ダイアログでブラシの種類を選びます。ここでは [散布ブラシ] を選択しました。その後 [(散布) ブラシオプション] ダイアログで、細かな数値や設定を調整して [OK] を押すと、ブラシが登録できます。

❹ アートボード上にパスを作成し、選択状態にします。[ブラシ]
パネルから、登録したブラシを選ぶと、パスに対して適用する
ことができ、パスに沿ってオブジェクトが配置されます。

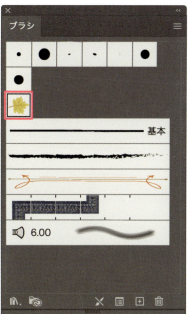

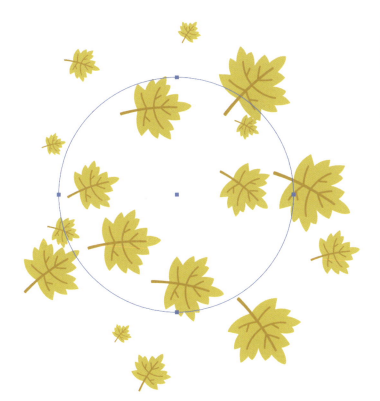

ブラシライブラリとカスタマイズ

［アートブラシ］など、質感などを上手に作ることが難しいブラシもあります。こういったブラシは［ブラシライブラリ］に多くのブラシが用意されています。

［ブラシ］パネル　下部の　をクリックして様々なブラシにアクセス可能です。
選択したブラシの中には、サムネイルが一見良さそうでも、実際に使ってみると描いたパスと合わないものもあります。［ブラシ］パネル下部の　をクリックすると、選択中のブラシオプションが表示されるので、各項目を調整できます。

［ブラシライブラリ］

［ブラシオプション］

07 | 色の操作

☑ ［塗り］と［線］

［塗り］と［線］は、［ツールバー］の下部や、オブジェクトを選択している際の［プロパティ］パネル、［コントロール］パネルなど、さまざまな場所からアクセスでき、いずれからも操作、設定が可能です。

［ツールバー］下部の［塗り］と［線］。

［カラー］パネル

［ウィンドウ］メニュー→［カラー］パネルは、オブジェクトの［塗り］や［線］に適用する色を直接調整できるパネルです。RGB、CMYK、グレースケールなどのカラーモードに対応しており、スライダーを動かしたり数値を入力したりして、目的の色合いを正確に設定できます。カラーモードは、右上のパネルメニュー ≡ から変更できます。ドキュメントのカラーモードとはまた別なので、作業前にドキュメント側のカラーモードと［カラー］パネルのカラーモードを合わせてから色を作成しましょう。

［線］パネル

［ウィンドウ］メニュー→［線］パネルは、線の太さのほか、右上のパネルメニュー ≡ で［オプションを表示］することで、線の設定を細かく指定できます。端点の形状、角の形状を設定できるほか、破線パターンや矢印付きの線などを表示できます。

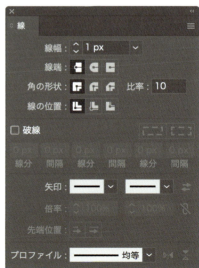

［線］パネルの詳細表示。

「トゲ」の予防策

文字に対して線の設定を利用すると、文字にフチ文字をつけることができます。特に写真の上に文字を置く場合などは視認性が向上するので、グラフィックデザインでよく見かけるテクニックです。

ところが、フォントの種類と大きさ、線の太さによっては、意図せず線に「トゲ」が発生してしまうことがあります（破線部分）。

その場合は、［線端］を［丸型先端］、［角の形状］を［ラウンド結合］にして、丸みをつけましょう。

サンプルの文字のように、丸みの処理がフォントやデザインと合わないこともあります。その場合は、［マイター結合］の［比率］の数値を落として線を均（なら）していきましょう。

07 | 色の操作

［グラデーション］パネル

［ウィンドウ］メニュー→［グラデーション］パネルは、オブジェクトの塗りや線にグラデーションを適用・編集するためのツールです。線形グラデーション、円形グラデーション、フリーグラデーションなどを設定し、複数のカラーや中間点、不透明度の調整をおこなうことで、なめらかな色の移り変わりを再現できます。
このパネルを活用することで、平面的なイラストや文字に奥行きや立体感を与えることができます。

●線形グラデーション

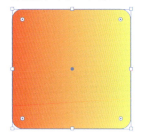 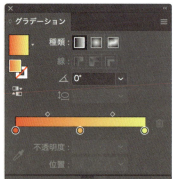

●円形グラデーション

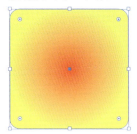 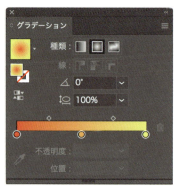

●フリーグラデーション

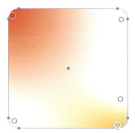 

パターンについては、次に紹介する［スウォッチ］パネルを使うと使用できるようになります。

スウォッチとは

スウォッチとは、よく使う色やグラデーション、パターンなどをあらかじめ登録しておく「色見本」のような機能です。［ウィンドウ］メニュー→［スウォッチ］パネルに保存した色や模様は、ほかのオブジェクトへ簡単に適用でき、デザイン全体の配色や質感を統一するのに役立ちます。

以下で、それぞれのスウォッチについて紹介します。

スウォッチの種類

● **なし**：オブジェクトに色を指定しない状態です。

● **レジストレーション**：トリムマークなどに用いる特殊な黒です。CMYKすべてが100％になっています。

● **カラースウォッチ**：RGBやCMYK、グレースケールなど、さまざまなカラーモードの色を登録できます。

● **グラデーションスウォッチ**：［グラデーションツール］（パネル）で作成したグラデーションを［新規スウォッチ］で登録できます。

● **パターンスウォッチ**：オブジェクトを［スウォッチ］パネルへドラッグするか、［パターンオプション］パネルで作成したパターンを登録します。

● **グローバルスウォッチ**：登録した100％の色を基準に、濃淡を調整できます。一括での色変更も可能です。

● **特色スウォッチ**：印刷で使う特色インク用のスウォッチです。［スウォッチライブラリ］から利用が可能です。グローバルスウォッチと同様、濃淡の調整が可能です。

07 | 色の操作

スウォッチに登録されている色を使用する

ツールバー→［選択ツール］などでオブジェクトを選択してから、スウォッチパネルにある任意のスウォッチをクリックします。

新規スウォッチの追加

現在設定されている［塗り］や［線］を、［ウィンドウ］メニュー→［スウォッチ］パネルの［新規スウォッチ］ボタンを押して登録します。このとき、単色の場合は［グローバル］の項目にチェックを入れずに登録すると通常のカラースウォッチになります。

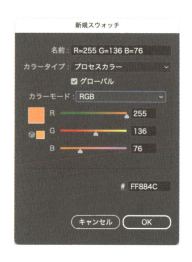

［スウォッチグループ］のフォルダでスウォッチを分類する

よく使う色をまとめておくと整理整頓しやすくなります。［新規スウォッチグループ］ をクリックしてフォルダを作成し、スウォッチをドラッグ＆ドロップします。

［スウォッチグループ］からグラデーションを作成する（Illustrator2025からの新機能）

1. ツールバー→［長方形ツール］ などで、アートボード上に複数の四角形を作成し、それぞれ違う色に設定します。
2. ツールバー→［選択ツール］ などで、四角形をまとめて選択してから、［ウィンドウ］メニュー→［スウォッチ］パネル下部の、［新規スウォッチグループ］ をクリックし、スウォッチグループを作成します（オブジェクトを直接［新規カラーグループ］アイコンへドラッグできないので注意してください）。
3. グラデーションを適用したいオブジェクトを作成し、選択します。
4. ［スウォッチ］パネルで、作成したカラーグループをクリックします。

PART 2 | Illustrator基本ガイド

⑤ 右上のパネルメニュー　をクリックし［グラデーションを作成］を選択します。

⑥ ［カラーグループ］からグラデーションが適用できました。

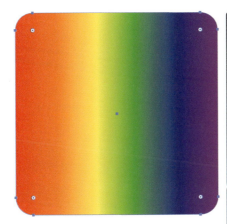

— 203 —

☑ グローバルスウォッチ

グローバルスウォッチを使うと、そのスウォッチを使ったオブジェクトの色を一括変更できます。一度定義しておけば、スウォッチの色を変えるだけで、対象オブジェクトが全て自動的に更新されます。

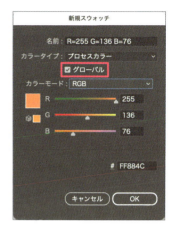

グローバルスウォッチの登録方法

ある色を［ウィンドウ］メニュー→［カラー］パネル下部の、［新規スウォッチ］ボタンをクリックして登録するとき、そのカラーが単色の場合は［グローバル］にチェックを入れると、［グローバルスウォッチ］として登録されます。グローバルスウォッチのメリットは、次の２つです。
- 色を濃度として［カラー］パネルでコントロールできる
- グローバルスウォッチ側の色の変更が、オブジェクト側にも反映される

こうした性質をうまく活かすと、正確でスピーディーなデータ制作に役立てられます。

☑ スウォッチライブラリ

Illustratorには、あらかじめ用意された多彩な色セットやパターン集が揃っています。これをスウォッチライブラリといいます。［ウィンドウ］メニュー→［スウォッチライブラリ］から、テーマに合ったカラーパレットを選んで表示することができます。
このスウォッチライブラリの中には、DICなどのインキメーカーに準拠した［特色スウォッチ］と呼ばれるスウォッチのライブラリもあります。

パターンスウォッチの作成

パターン化したいオブジェクトを選択した状態で、［オブジェクト］メニュー→［パターン］→［作成］をクリックすると、選択したオブジェクトを基準にした模様の［パターンスウォッチ］として登録できます。

背景や装飾に便利なオリジナルのパターンを簡単に作成できます。

パターンスウォッチを登録すると、直後に［パターンオプション］パネルが自動的に開き、パターンの［編集モード］に切り替わります。切り替わらない場合や再編集したい場合は、［スウォッチ］パネルのパターンスウォッチをダブルクリックしてください。

［パターンオプション］パネルには、オブジェクトを規則的に並べるためのオプションが表示されています。中央に表示されているのが編集可能な元のオブジェクトで、周囲に半透明で表示されているのが、各種オプションを適用した状態のものです。中央のオブジェクトを直接編集するか、パネルを操作すると周囲のオブジェクトの配置やパターンの見た目が変化します。

08 | 効果

☑ 効果とは

［効果］メニューは、オブジェクトに非破壊的で多彩な表現を加える機能です。元の形は残り続けるため、何度でも変更・削除が可能です。
［効果］には、Illustrator独自のもの（［Illustrator効果］）と、Photoshopのフィルター効果を再現できる［Photoshop効果］があります。ここではよく使う［効果］を紹介します。
［効果］は、次に紹介する［アピアランス］パネルで、後からでも変更が可能です。

［トリムマーク］

「トリムマーク」は別名「トンボ」とも呼ばれる、印刷には欠かせない要素です。こうしたトリムマークはアートボードの外側にPDFの設定でつけることもできるので、A4のチラシや名刺など、四角形のものであればIllustrator上でトリムマークを作成しないこともあります。
その一方で、CDの盤面のデザインなどの円形状の制作物や、パッケージや書籍のカバーデザインなどの変形サイズや折り加工などを伴う複雑なデザインの場合は、大きめのアートボードの中に「トリムマーク」を設定してデザインデータを制作することもあります。
こうしたデータの場合は、はじめに土台になる円や長方形など、ベースになる形を作成した上で、［トリムマーク］効果を使用すると、そのオブジェクトを基準にしたトリムマークが作成されます。

［3Dとマテリアル］

簡易的な３D表現が可能な効果です。立方体や回転など、平面のオブジェクトを立体的に見せられます。3D効果独自のパネルで操作して調整を加えていきます。［膨張］を使った効果は近年パッケージデザイン等にも使用されるようになり、目にする機会も多くなっています。

［効果］メニュー→［３Dとマテリアル］→［押し出し］の結果。　　　［効果］メニュー→［３Dとマテリアル］→［膨張］の結果。

［ラフ］

文字やイラストなどにあらかじめ塗りと同じ色の線を設定し、［ラフ］を適用します。サイズの数値をごく細かい値（ここでは0.2%）に設定した上で、ポイントを［丸く］にすると、クレヨンなどのザラつきを感じさせる、あたたかみのある加工ができます。

［効果］メニュー→［パスの変形］→［ラフ...］の結果。

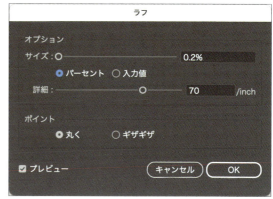

［ワープ］

文字や図形などのオブジェクトを自由に変形し、湾曲やねじれなどの特殊な形状を作り出す機能です。あらかじめ用意された種類のほかにも、詳細なオプションで変形の強さや方向を調整することも可能です。

［効果］メニュー→［ワープ］→［旗...］の結果。

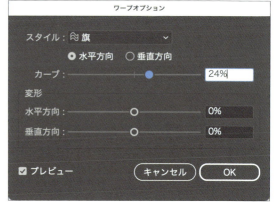

［ぼかし］

オブジェクトの輪郭をぼかすことで、柔らかい雰囲気や遠近感を演出できます。

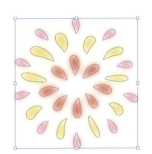

［効果］メニュー→［ぼかし］→［ぼかし（ガウス）］の結果。

［ドロップシャドウ］

オブジェクトや文字に影を加えて、浮き上がったような立体感を出せます。

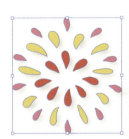
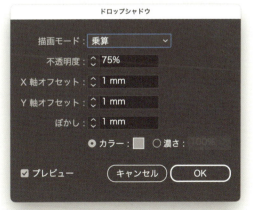

［効果］メニュー→［スタイライズ］→［ドロップシャドウ...］の結果。

［アピアランス］パネルの基本操作

［ウィンドウ］メニュー→［アピアランス］パネルでは、オブジェクトに適用されている［塗り］［線］［効果］がレイヤーのように積み重なって表示されます。それぞれ独立して編集可能で、ドラッグで順番を変えたり、目玉アイコンで表示・非表示を切り替えたりできます。

［塗り］や［線］の重ね方

1つのオブジェクトに複数の［塗り］を重ねれば、縁取りやグラデーションなど、単純な形状でも豊かな表現が可能です。
たとえば［塗り］とは別に、下層に太い［線］、上層に細い［線］を重ねると、フチ取りの文字が作れます。

文字をフチ取りする

［アピアランス］パネルを使ったフチ文字の作り方を紹介します。テキストオブジェクトに［線］を適用するだけでは難しい、太さの異なる線によるフチ取りを作れるのがアピアランスのメリットです。

1. ツールバー→［文字ツール］を使ってテキストを入力し、文字サイズやフォントを設定します。
2. 一度、文字に対する［塗り］と［線］を［なし］にします。これは、もともと文字に適用されているアピアランス（塗り・線）と、この後追加する新たなアピアランスが混在しないようにするためです。
3. ［ウィンドウ］メニュー→［アピアランス］パネルをクリックし、パネル下部の［新規塗りを追加］ボタンで、文字に［塗り（カラー）］を適用します。

❹ ［アピアランス］パネルで、［なし］になっている［線］を選ぶか、［新規線を追加］ボタンをクリックして［線］を追加します。続いて［線］の項目をクリックしてオプションを展開し、［線］の太さを設定します。

設定後、［線］の要素をドラッグして［文字］や［塗り］の下に移動し、必要に応じて再度太さを調整しましょう。

❺ 手順❹で作成した［線］を選択し、［アピアランス］パネル下部の［選択した項目を複製］ボタン（［+］）をクリックして、線を複製します。
❻ 下に表示されている複製した方の線の太さや色を変更すると、元の線との組み合わせで二重のフチ取り線が完成します。

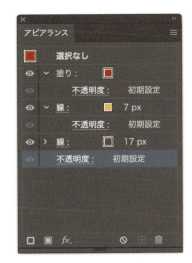

09　アピアランスとグラフィックスタイル

☑ ［アピアランス］と［スポイトツール］

［アピアランス］の要素（塗り・線・効果）は［スポイトツール］を使うことでも他のオブジェクトにコピーできますが、事前に［アピアランス］がスポイトの対象になっているかの確認が必要です。

［スポイトツール］の対象を設定する

① ツールバー→［スポイトツール］をダブルクリックします。
② ［アピアランス］欄について、左右（スポイトの抽出／スポイトの適用）のどちらもチェックして閉じます。

☑ ［グラフィックスタイル］パネルを活用する

Illustratorでは、オブジェクトごとに「塗りの色・グラデーション」「線の太さ・色」「不透明度」「効果（影、ぼかし、変形など）」を組み合わせて表現を作り出します。その組み合わせを［グラフィックスタイル］として保存し、別のオブジェクトにすばやく適用することで、デザインの統一感を出しやすくなります。

グラフィックスタイルの保存

あらかじめ、グラフィックを作成して、［ウィンドウ］メニュー→［グラフィックスタイル］パネルを表示しておきます。
① アピアランスが適用されているオブジェクトを選択します。
② ［グラフィックスタイル］パネル下部の［新規グラフィックスタイル］ボタン（[+]）をクリックします。
③ グラフィックスタイルが登録されました。

グラフィックスタイルの適用

あらかじめ、グラフィックスタイルを適用したい別のテキストオブジェクト作成しておきます。
① テキストオブジェクトを選択します。
② ［グラフィックスタイル］パネルから、使用したいグラフィックスタイルをクリックします。
③ グラフィックスタイルが適用されました。

巻末付録

●頻出ショートカット一覧
●よく使うパネル一覧
●ツールバー内のツール一覧

頻出ショートカット一覧

▷ 基本操作

保存	Mac	command + S
	Win	Ctrl + S
終了	Mac	command + Q
	Win	Ctrl + Q
閉じる	Mac	command + W
	Win	Ctrl + W
コピー	Mac	command + C
	Win	Ctrl + C
カット	Mac	command + X
	Win	Ctrl + X
ペースト	Mac	command + V
	Win	Ctrl + V
直前操作の取り消し	Mac	command + Z
	Win	Ctrl + Z

▷ 画面表示

拡大	Mac	command + +
	Win	Ctrl + +
縮小	Mac	command + −
	Win	Ctrl + −
画面に合わせて表示	Mac	command + 0
	Win	Ctrl + 0
100%表示	Mac	command + 1
	Win	Ctrl + 1
定規の表示／非表示	Mac	command + R
	Win	Ctrl + R

▷ ツールの切り替え

選択ツール	Mac	V
	Win	V
ダイレクト選択ツール	Mac	A
	Win	A
ペンツール	Mac	P
	Win	P
なげなわツール	Mac	Q
	Win	Q
グラデーションツール	Mac	G
	Win	G
消しゴムツール	Mac	shift + E
	Win	Shift + E
ブラシツール	Mac	B
	Win	B
文字ツール	Mac	T
	Win	T
長方形ツール	Mac	M
	Win	M

▷ オブジェクト・レイヤー関連

選択オブジェクトの非表示	Mac	command + 3
	Win	Ctrl + 3
選択オブジェクトをロック	Mac	command + 2
	Win	Ctrl + 2
選択オブジェクト以外をロック	Mac	command + option + shift + 2
	Win	Ctrl + Alt + Shift + 2
選択オブジェクトをグループ化	Mac	command + G
	Win	Ctrl + G
重ね順前面へ	Mac	command + [
	Win	Ctrl + [
重ね順背面へ	Mac	command +]
	Win	Ctrl +]
[線]と[塗り]の切り替え	Mac	X
	Win	X
[線]と[塗り]を入れ替え	Mac	shift + X
	Win	Shift + X
標準描画・背面描画・内側描画の切り替え	Mac	shift + D
	Win	Shift + D
新規レイヤーの作成	Mac	command + option + L
	Win	Ctrl + Alt + L

▷ 編集・文字入力関連

自由変形	Mac	command + T
	Win	Ctrl + T
前面へペースト	Mac	command + F
	Win	Ctrl + F
背面へペースト	Mac	command + B
	Win	Ctrl + B
同じ位置にペースト	Mac	command + shift + V
	Win	Ctrl + Shift + V
オーバープリントプレビューの切り替え	Mac	command + option + shift + Y
	Win	Ctrl + Alt + Shift + Y
カーニングを調整	Mac	option + ← or →
	Win	Alt + ← or →
長体・平体を100%に戻す	Mac	command + X
	Win	Ctrl + X

よく使うパネル一覧

▷ レイヤー

① パネルメニュー
② 表示の切り替え
③ 選択範囲を保存
④ 書き出し用に追加
⑤ 選択したオブジェクトを探す
⑥ クリッピングマスクを作成 / 解除
⑦ 新規サブレイヤーを作成
⑧ 新規レイヤーを作成
⑨ 選択項目を削除

▷ カラー

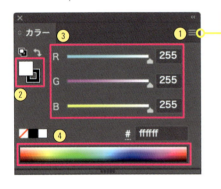

① パネルメニュー
② ［塗り］ボタン /［線］ボタン
③ カラースライダー
④ カラースペクトル

▷ スウォッチ

① パネルメニュー
② ［塗り］ボタン /［線］ボタン
③ スウォッチライブラリメニュー
④ 現在のライブラリに選択した
　 スウォッチとカラーグループを追加
⑤ スウォッチの種類メニューを表示
⑥ スウォッチオプション
⑦ 新規カラーグループ
⑧ 新規スウォッチ
⑨ スウォッチを削除

▷ 文字

 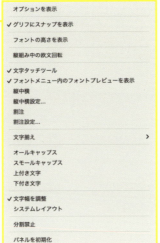

① パネルメニュー
② フォントファミリを設定
③ フォントスタイルを設定
④ フォントサイズを設定
⑤ 行送りを設定
⑥ 垂直比率を設定
⑦ 水平比率を設定
⑧ 文字間のカーニングを設定
⑨ 選択した文字のトラッキングを設定

▷ 段落

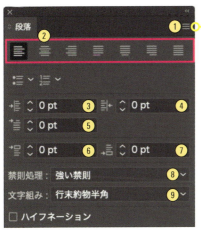 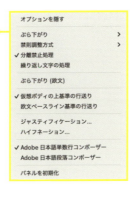

① パネルメニュー
② 行揃えの設定
③ 左インデント
④ 右インデント
⑤ 1 行目左インデント
⑥ 段落前のアキ
⑦ 段落後のアキ
⑧ 禁則処理セットを選択
⑨ 文字組み設定を選択

▷ 整列

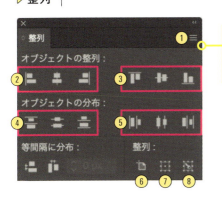

① パネルメニュー
② 水平方向に整列
③ 垂直方向に整列
④ 垂直方向に分布
⑤ 水平方向に分布
⑥ アートボードに整列
⑦ 選択範囲に整列
⑧ キーオブジェクトに整列

ツールバー内のツール一覧

ツールバーの表示は、ワークスペース「初期設定」に準拠しています。

⑨ 消しゴムツール (Shift+E) …… クリックまたはドラッグで、パスまたはシェイプの一部を削除することができます。
　 はさみツール (C) …… パス上をクリックすることで、パスまたはシェイプを分割することができます。

⑩ シェイプ形成ツール …… 選択した2つ以上の隣接するシェイプを、ドラッグで結合することができます。

⑪ グラデーションツール (G) …… クリックまたはドラッグで、オブジェクトにグラデーションを適用できます。
　 メッシュツール (U) …… 選択したオブジェクトをクリックし、メッシュポイントの追加と操作ができます。

⑫ フレアツール …… クリックまたはドラッグで、フレアの作成と編集ができます。

⑬ リンクルツール …… クリックまたはドラッグで、オブジェクトやパスの一部を歪ませることができます。

⑭ 寸法ツール …… クリックした点を基準に、そこからの距離を測ることができます。

⑮ スポイトツール …… クリックで、オブジェクトの［塗り］や［線］のカラーを取得することができます。

⑯ 線幅ツール …… クリックまたはドラッグで、［線］の太さ（［線幅］）を変更することができます。

ツールバー内のツール一覧

⑰ ブレンドツール……………………………………　…選択した2つ以上のオブジェクトをクリックすることで、シェイプとカラーをブレンドすることができます。

⑱ アートボードツール………………………………　…クリックおよびドラッグで、アートボードのサイズを変更できます。

⑲ パス上オブジェクトツール………………………　…オブジェクトを選択した状態で、ターゲットパスをクリックすることで、オブジェクトをパスにアタッチできます。

⑳ ズームツール　　　　　　　　(Z)　　　　　　…クリックまたはドラッグで、表示サイズを拡大できます。[shift]を押しながらクリックまたはドラッグで、表示サイズを縮小できます。
　　手のひらツール　　　　　　(H)　………………ドラッグで、カンバスの表示範囲を移動できます。
　　回転ビューツール　　(Shift+H)………………ドラッグで、カンバスの表示範囲を回転できます。

㉑ ［塗り］ボタン／［線］ボタン…………………　…［塗り］と［線］のカラーを変更できます。

㉒ 標準描画　描画モード……………………………　…オブジェクトの描画モードを変更できます。
　　背面描画
　　内側描画

㉓ プレゼンテーションモード　　　F　表示モード…………表示モードを変更できます。
　　✓ 標準スクリーンモード
　　メニュー付きフルスクリーンモード
　　フルスクリーンモード

㉔ ツールバーを編集……………　ツールバーを編集できます。

— 220 —

INDEX 索引

▷ アルファベット

3Dとマテリアル	207
Adobe Fonts	187
AIC	167
Arial	185
Braisetto Regular	150, 152
CCライブラリ	179
CMYK	161, 162
Creative Cloud	014
Creative Cloudに保存	163
DICカラーガイド	204
Didot	185
DIN 2014	135, 144, 149, 158
Finder	016
Helvetica	184
Illustrator効果	206
JPG（JPEG）	163, 164, 166
Noto sans JP	185
PDF	161, 164, 166
Photoshop効果	206
PNG	163, 164, 166
RGB	161, 162
Source Han Sans	186
SVG	163, 164
TIFF	166
Times New Roman	185
WeBP	164, 166

▷ あ行

アートブラシ	194
アートボード	018
アートボードを再配置	161
アウトライン化	136, 182, 193
アウトラインを作成	136, 193
アクティベート	186, 187
アセット	164, 165
アセットの書き出し	164, 165
アセンダライン	184
アピアランス	210, 212
アピアランスを分割	053, 138
アンカーポイントの追加	151
アンチエイリアス	067
インターフェイス	020
ウェイト	186
エディターツール	148
絵筆ブラシ	194
エリア内文字	096, 099, 188

▷ か行

円形グラデーション	119, 200
鉛筆（太）	060
欧文	184
欧文ベースライン	093
オーバーフロー	189
オブジェクトの分布	174
オブジェクトをロック	144
オブジェクトを再配色	133
カーニング	191
ガーランド	040
回転ツール	169
拡張	067, 123, 133
重ね順	025
飾り罫	046, 048, 052
画像トレース	067, 122, 132
仮想ボディ	184
合体	039, 048, 053, 108, 180
角丸（内側）	045
角丸（外側）	045
加法混色	162
カラーグループ	202
カラーハーフトーン	067
カラーモード	161
カリグラフィーブラシ	194
刈り込み	181
カンバス	018
キーオブジェクト	173
キーオブジェクトに整列	174
行送り	186, 191
切り抜き	181
ギンガムチェック	070
禁則処理	192
均等配置（最終行左揃え）	192
クラウドドキュメント	163
グラデーションスウォッチ	066, 201
グラフィックスタイル	212
グラフィックペン	121
グリッドに分割	147
クリッピングマスク	118, 134, 172
グループ編集モード	171
グローバルスウォッチ	201
形状モード	182
月桂冠	042
源ノゴシック	185
源ノ明朝	185
減法混色	162

効果		206
交差		180
光彩（内側）		117, 139
光彩（外側）		120
合流		181
コーナーウィジェット		053
ゴシック体		185
小塚ゴシック		040, 184
小塚明朝		184
個別に変形		072, 084

▷ さ行

最背面へ		026, 054, 109, 139
魚形		052
サブレイヤー		025
サンセリフ体		185
散布ブラシ		114, 194
シアーツール		170
自動カーニング		193
集中線		082
乗算		118, 119, 121, 127
シンボル		177
スウォッチライブラリ		204
ズームツール		022
スクリーン用に書き出し		165
スケッチ		121
スタイライズ		117, 120, 126, 127, 139, 209
スタイル		186, 191
すべてをロック解除		144
スポイトツール		212
スレッドテキストオプション		148
セリフ体		185
線		200
線形グラデーション		200
選択ツール		168
線幅プロファイル		043
前面オブジェクトで型抜き		180, 182
前面オブジェクトで切り抜き		109, 111
前面にペースト		176

▷ た行

チョーク		129
ツールバー		018
強い禁則		192
ディセンダライン		184
テキストエリア		096, 098, 189
テキストの回り込み		099

テキストボックス		096, 148
等間隔に分布		174
特色スウォッチ		201
トゲ		199
トラッキング		135, 145, 149, 158, 191, 192
ドロップシャドウ		126, 209

▷ な行

中マド		180
波線		080
塗り		198

▷ は行

バージョン履歴		167
背面オブジェクトで型抜き		181
背面にペースト		176
バウンディングボックス		024, 189
パス上オブジェクトツール		175
パスのオフセット		045, 053, 110
パスの変形		033, 043, 046, 050, 057, 080, 101, 115, 137
パスファインダー		039, 048, 053, 108, 180
破線		078, 156
パターンスウォッチ		063, 201, 205
パターンブラシ		194
パターンを作成		065, 072
パネル		018
バリアブルフォント		186
パンク・膨張		033, 050, 057
ピクセレート		067
ヒストリー		166
左揃え		192
ヒラギノ角ゴシック		185
ヒラギノ明朝		185
フォントサイズ		191
フォントスタイル		191
フォントファミリ		191
復元		167
複合シェイプ		182
複合パス		182
袋文字		100
ブラシライブラリ		129
フリーグラデーション		034, 200
フレアツール		088
プレーンテキスト		148
ブレンド		106
ブレンドツール		106
分割・拡張		086